G E J U

格局

尘客将军 编著

成都地图出版社

图书在版编目(CIP)数据

格局 / 尘客将军编著. -- 成都 : 成都地图出版社有限公司, 2020.3(2021.7 重印)
ISBN 978-7-5557-1428-6

Ⅰ. ①格… Ⅱ. ①尘… Ⅲ. ①成功心理 - 通俗读物
Ⅳ. ①B848.4-49

中国版本图书馆 CIP 数据核字(2020)第 039471 号

格局
GEJU

编　　著: 尘客将军
责任编辑: 吴朝香
封面设计: 松　雪
出版发行: 成都地图出版社有限公司
地　　址: 成都市龙泉驿区建设路 2 号
邮政编码: 610100
电　　话: 028-84884648　028-84884826(营销部)
传　　真: 028-84884820
印　　刷: 三河市泰丰印刷装订有限公司
开　　本: 880mm × 1270mm　1/32
印　　张: 5
字　　数: 136 千字
版　　次: 2020 年 3 月第 1 版
印　　次: 2021 年 7 月第 4 次印刷
定　　价: 36.00 元
书　　号: ISBN 978-7-5557-1428-6

前 言

对那些胸无大志，又不肯学习、不愿付出艰辛劳动，只想投机取巧的人来说，不成功倒也罢了。而一些肯吃苦、敢于闯、智商很高又有才能，甚至还占有资金、人际关系等各方面优势的人，奋斗了几年，十几年，甚至几十年，结果也与成功无缘，这就有点使人感到大惑不解了。实际上，一个人要成功的第一要素就是要有格局。

格局，是指一个人的眼界、胸襟、思维方式等心理要素的内在布局。在这些要素中，起关键作用的就是思维方式，也就是一个人看待事物的思路。有句话说，穷人的思维是“我能做什么”，富人的思维是“我想达到什么样的目标”。“能做”是现在的能力，如果你永远只做能力范围之内的事，你永远无法突破；而“我想”首先突破自己的思维局限，目标高了，思路对了，做事的格局就不同，成功的可能性也不同。

哥伦布是著名的航海家，他经历千辛万苦终于发现了新大陆。对于他的这个重大发现，人们给予了很高的评价和很多荣誉，但也有人对此不以为然，认为这没什么了不起，话语中经常流露出讽刺。

一次，朋友在哥伦布家中做客，谈笑中又提起了哥伦布航海的事情，哥伦布听了，只是淡淡一笑，并不与大家争辩。

他起身来到厨房，拿出一个鸡蛋对大家说：“谁能把这个鸡蛋竖起来?”

大家一哄而上，这个试试，那个试试，结果都失败了。

“看我的。”哥伦布轻轻地把鸡蛋一头敲破，鸡蛋就竖立起来了。

“你把鸡蛋敲破了，当然能够竖起来呀!”人们不服气地说。

“现在你们看到我把鸡蛋敲破了，才知道没有什么了不起，”哥伦布意味深长地说，“可是在这之前，你们怎么谁都没有想到呢?”

过去讽刺哥伦布的人，脸一下子变得通红。

在生活中，稍微转换一下思路，想人之所不能想，见人之所不能见，为人之所不能为，就显得智慧高人一筹，成功的道路就宽广了许多。

新思路带来新方法，新方法带来新机遇，新机遇带来新成果。一位在事业上有所建树的企业家曾经讲过：“成功说到底是看你如何想，如何来设计人生道路，也就是做人的思路问题。人活在世界上不是做强者就是做弱者。你想做强者，就会找一万个方法来改变、激励自己，勇往直前；你想做弱者，就会找一万个不成功的理由，使自己沉沦下去。”

《格局》对人们在人生定位、心态、思维模式、职业发展、做人做事、经商理财、生活习惯等方面存在的重要问题进行剖析，并提出了针对性很强的“思路突破”——谋求发展与成功的正确思路。由此引导广大读者，尤其是青年朋友们，在现实中突破思维方式，克服心理与思想障碍，确立良好的解决问题的思路，把握机遇，灵活机智地处理问题，从而开启成功的人生之门，谱写卓越的人生乐章。

2020 年 2 月

目 录

第一章

你如何看自己：格局决定心态

积极心态成就积极的人生

一个人如果心态积极，乐观地面对人生，乐观地接受挑战和应对麻烦事，那他就成功了一半。在生活当中，大部分失败者主要是由于心态没有摆正。每当遇到困难时，他们只是挑选容易的倒退之路。“我不行了，我还是退缩吧”，最终结果是陷入了失败的深渊。成功者遇到困难时，依然保持积极的心态，用“我要！我能！”“一定有办法”等积极的意念鼓励自己，于是便想尽一切办法，不断向前进，直到成功的那一天。

纳粹德国某集中营的一位幸存者维克托·弗兰克尔说：“无论在何种环境下，人们都还有一种自由，就是选择自己的态度。”因此，我们可以这样认为，影响我们人生的绝不仅仅是环境，心态也控制了个人的行动和思想。同时，心态也决定了自己的视野、事业和成就。仔细观察、比较一下成功者与失败者的心态，尤其是关键时刻的心态，我们将发现不同的心态会导致大不同的人生。

有两位年届70岁的老太太，一位认为到了这个年纪可算是到了人生的尽头，于是开始料理后事；另一位却认为一个人能做什么事不在于年龄的大小，而在于有什么样的想法。于是，她在70岁高龄之际开始学习登山，她登过的山中有几座还是世界上有名的。甚至还以95岁高龄登上了日本的富士山，打破攀登此山年龄最高的纪录。她就是著名的胡达·克鲁斯老太太。

◇ 积极的心态改变人生 ◇

生活中的挫折在所难免，不同的心态造就不同的境遇。积极健康的心态可以化解苦难，让你从中获得新的收获。一味沉溺于困境而无法自拔，只会让自己越陷越深。

70 岁开始学习登山，这乃是一大奇迹。 但奇迹是人创造出来的。 成功人士的首要标志，是拥有正确的思考问题的方法。 胡达·克鲁斯老太太的壮举正验证了这一点。

可见，一个人能飞多高，是由自己的心态所决定的。

那么，如何才能培养积极的心态呢？ 可以尝试从以下几个方面做起。

1. 言行举止像你希望成为的人

许多人总是等到自己有了积极的感受再去付诸行动，这些人在本末倒置。 积极行动会带来积极思维，而积极思维会带来积极的心态。 从一开始就积极行动起来，去努力成为你想成为的人，心态自然也会变得积极起来。

2. 要心怀必胜、积极的想法

当我们开始运用积极的心态并把自己看成成功者时，我们就已经开始走向成功了。

谁想收获成功的果实，谁就要当个好农民。 我们决不能仅仅播下几粒积极乐观的种子，然后指望不劳而获，我们必须不断给这些种子浇水，给幼苗培土施肥。 要是疏忽这些，消极心态的野草就会丛生，夺去土壤的养分，直至庄稼枯死。

3. 用美好的感觉、信心与目标去影响别人

随着你的行动与心态日渐积极，你就会慢慢获得美满幸福的感觉，信心日增，目标感也会越来越强烈。 紧接着，别人会被你吸引，因为人们总是喜欢跟积极乐观者在一起。 运用别人的这种积极响应来发展积极的关系，同时帮助别人获得这种积极态度。

4. 使你遇到的每一个人都感到自己重要、被需要

每个人都有一种欲望，即感觉到自己的重要性，以及别人对他的需要与感激。这是我们普通人的自我意识的核心。如果你能满足别人心中的这一欲望，他们就会对你抱积极的态度。正如美国哲学家、诗人拉尔夫·瓦尔多·爱默生所说：“人生最美丽的补偿之一，就是人们真诚地帮助别人之后，同时也帮助了自己。”

做到以上几点并不很难，关键在于你是否想做和能否坚持下去。我们知道，成功人士与失败者之间的最大差别就是：成功人士始终用最积极的思维、最乐观的精神支配和控制自己的人生。失败者则刚好相反，他们的人生是受过去的种种失败与疑虑所引导支配的。说到底，如何看待人生、把握人生，由我们自己的态度决定。

抱怨命运不如摆正心态

面对生活中的种种不如意，如果你不能摆正心态，那么就只能怨天尤人，自己跟自己过不去。其实，没有人对不起你，而真正对不起你的，是你自己的心。

1. 不要盲目抱怨命运

很多人都习惯于把自己的失败和生活中的不如意归结于自己的命不好。事实上，不是自己的命运不好，而是消极的心态影响了自己。英国著名文学家狄更斯就曾说："一种健康的心态，比一百种智慧更具力量。"这句不朽的名言告诉我们这样一个真理：有什么样的心态，就有什么样的人生。同一件事情由有着不同心态的人去做，其结果必然不同。所以，与其抱怨命运，不如把自己的心态调整到积极的一面。

我们每个人每天都会遇到很多事情，这些事情有好有坏。碰上坏事情，一些人的心情也随着变得糟糕起来。其实，这是没有必要的，因为凡事都有好的一面，这就要看你用什么样的心态去对待它。

有一个人从一棵椰子树下经过，一只猴子从上面丢下来一个椰子，正好打中了他的头。这人摸了摸肿起来的头，然后把椰子捡起来，喝椰汁，吃果肉，最后还用外壳做了一只碗。

假如猴子丢下的那个椰子打中的是你的头，你会用什么样的态度来对待这个"意外的打击"呢？如果是怨恨，是咒骂，那么不但无济于事，反而还会使你的心情变得更糟糕；如果你选择了积极的心态，就像故事中的那个人一样，只是摸了摸头上的肿块，然后捡起椰子，饶有兴致地吃掉果肉，并把椰壳做成一只碗，这时你也有可能因心情的变好而感谢那只猴子、头上的肿块和椰子。因为如果没有这一切，或许你就无法解决旅途中的寂寞和无聊。

小王和小江同时被公司解雇了，这如同晴天霹雳。小王在找不到其他工作时，干脆自己做起了小生意。这是他第一次当老板，做自己以前并不想做、也不熟悉的事。虽然面临很多的困难，但小王却突然觉得生活更有意义，更具有挑战性，并认为这一切都是“晴天霹雳”带来的好处。

面对失业，小江却选择了沮丧、颓废，他不愿重新去找工作，也不愿像小王那样自谋生路，而是一味地怨天尤人，终日咒骂上苍的不公平。

若干年后，小王和小江在大街上相遇了。这时的小王作为一个施舍者，向街边一个衣衫褴褛的乞丐递过去10块钱，而那个伸着双手、跪在地上的乞丐，正是当年的小江。

在当初同样的境遇下，两人面对“晴天霹雳”拥有着不同心态，因此造就他们之后的天壤之别。

因此，当灾难突然降临，你与其以消极的心态待之，不如以积极的心态去化解。当你以健康、积极的心态去化解灾难时，你就有可能从中得到更大的益处。这难道不是人生中的另一番收获吗？

一个人如果心态积极，乐观地面对人生，乐观地接受挑战，那他就成功了一半。成功者活得充实、自在、潇洒；失败者过得空虚、艰难、落魄。

2. 世界上没有绝对幸运的人

生活中，有的人总认为自己是不幸的人：没有在福利优厚的单位工作，没有做高官的父母，没有学习成绩永远第一的孩子……其实，这世界上没有绝对幸运的人。换句话说，幸与不幸是没有标准的，它只是一种心态——无论在什么情况下，只要你觉得自己是幸运的，那么你就是幸运的。

反过来，遭受一点厄运就马上大呼不幸，那只能让你感觉自己更加不幸。如果你把一点点的不幸置于显微镜下面，并且长时间地看着，你甚至会被自己看到的一切吓倒。不幸的感觉会把你带进绝望的深渊无法自拔。

一次，一位将军率船队在海上航行，途中遇上了暴风雨。一名士兵因是第一次乘船，所以吓得不停地狂呼乱叫、大哭不止，让船上的人都受不了。因为这让本来并不担心的人们开始感到了恐惧，将军气恼地想下令把这名士兵关起来。

这时将军身旁的一位校官说："不要关他，让我来处理。我想我可以使他马上安静下来。"校官随即命令水手将那位士兵绑起来，丢入海中。那个可怜的家伙一被丢下海，就手脚乱舞，狂呼救命。过了几分钟，校官才叫人把他拉上船来。

回到船上后，刚才还歇斯底里不停大叫的士兵，静静地待在船舱一角，半点声音也没有。将军好奇地问这个校官何以会如此，校官说："在情况转变得更加恶劣之前，人们很难体会自身是多么的幸运。"

显然，这位校官是位高明的逻辑学家。在他的手中，幸运就像球拍，而不幸则是球——只有“幸运的球拍”才能将“不幸的球”狠狠打出去。这种逻辑又像大海中落难的人，海难是不幸的，但怀中的救生圈却让他感到自己是多么幸运，至于漂到哪里，甚至漂多久，都不是问题，因为幸运永远在他怀中——他不会因为方位、距离的变化而失去救生圈。所以，即使遭遇海难，他也并不认为自己是不幸的，怀中的救生圈让他相信自己一定会获救。

从心理学的角度讲，无论你陷入什么样的艰难境地，都要想到，还有比这更不幸的，相比之下，这已经够幸运了。

如果总将自己置于幸运的基点上，会使你永远保持积极的、向上的心态。而积极心态是成功的动力。如果将大海比作死亡或地狱，对于故事中那位惊恐万状的士兵而言，他无疑是到“地狱”走了一遭——如此“大难不死”的经历，让他觉得这世界已没什么可怕的事了，觉得回到船上是无比幸运的。由此可见，不幸也能给人带来好处，这就要看你用什么样的心态来看待它。

从辩证的角度讲，幸运中隐藏着不幸，而不幸中往往会产生令人羡慕的幸运者。古人有“祸兮，福之所倚；福兮，祸之所伏”的说法，正是此意。

道理非常简单，过多的幸运只会让一个人意志逐渐薄弱，根本经不起不幸的打击，一旦遭遇波折，只能怨天尤人。

不幸对于幸运儿而言无疑是灭顶之灾，无力抗拒。因为幸运儿习惯了幸运，在他们的生活中，只有一帆风顺、心想事成。他们就像温室中的花朵，失去了抗击风雨的能力。而不幸对于那些经常遭受不幸折磨的人来说是家常便饭，常吃这种“不幸饭”的人，意志品质都是超强的。他们清楚地知道，人生不是一帆风顺的，幸运只是偶尔光临。一个过早透支了幸运的人剩下的无疑是更多的不幸。这其中自有道理：因为你几乎经不起不幸的打击，一旦被击倒，你这个没经过不幸的“魔鬼训练营”调教的人就很难爬起。如此一来，更多的不幸就会劈头盖脸地砸下来。有时候，甚至在别人看来不过是个小小的沟坎，也会成为你生活中难以逾越的高山。

失败的不幸像多米诺骨牌，一旦倒下便不可收拾；成功的幸运却似流星陨石，轻易落不到你脚下。一个聪明的、有远见的人，一定会懂得正确对待幸运与不幸。

3. 只会抱怨，最终伤害的是自己

人生有顺境，也有逆境；人的一生有巅峰，也会有低谷。每个人都希望自己被人重视、受人尊重、得到大家的欢迎，但有时又难免会被人嘲弄、受人侮辱、遭到别人的排挤。生活在给了我们快乐的同时，也给了我们数不清的失落和伤心。真正的人生需要磨炼。面对不如意，如果只是一味地抱怨、生气，那么你注定了永远是个弱者。而真正的强者会及时调整心态，学会坚强，积极向上，让自己做得更好，这样才能使自己的人生过得更快乐更充实，正如人们常说的，把怨气变为争气，给自己足够的底气。

难听的话像一把锐利的剑，可以直接刺穿你的心脏，不过你也可以在它刺向你的时候伸手握住它，使它成为你的利器。有的人能够很坦然地面对一切，表面上不动声色，暗地里鼓足了劲儿，发誓有一天要让别人大吃一惊；有的人却整天为一点小事火上心头，甚至悲观丧气、怨天尤人，结果只能让别人更加看不起自己。

换个角度想想，如果我们自己足够优秀，会被别人嘲讽吗？为什么不能坦然地面对这一切呢？俗话说：“不蒸馒头争口气。”让自己快乐起来的最好方法就是为自己打气，让自己做得更好。当我们走过一个个困境时，我们就会发现自己变得更强大了，懂得的也更多了。

只有愚蠢的人才会一味地沉迷于气愤中，聪明的人会想尽一切办法争气！一个人最重要的是要学会让自己强大起来，而不是想着怎样去计较一些鸡毛蒜皮的小事，这样最终伤害的是自己。

对一般人而言，想到由生气转为争气很容易，但做到却很难。这中间往往有一条很多人逾越不了的鸿沟，这就是缺少一种坚强的意志与坚韧不拔的毅力。

面对人生的烦恼与挫折，人最重要的是摆正自己的心态，积极地面对一切。一味地抱怨与生气，最终受伤的只有自己。越是逆境之中，越要保持良好的心态，生气并没有用，只有为自己赌口气，自己争气，才是唯一的出路。

现实生活中，人人都在忙碌，忙工作，忙学习。有些人做起事来如鱼得水，游刃有余；而有些人却四处碰壁，乱发脾气，不仅搞得自己心情不佳，也让周围的人跟着遭殃。更何况发脾气只能证明自己的能力有限，这又是何苦呢？静下心来想一想，为什么只有自己一个人这么不如意呢？想一想那些有成就的人吧，他们是不是遇到了问题也一样气急败坏，怨气冲天，指责这世道的不公呢？既然他们取得了一定的成就，就自然有一套成功解决问题的好办法。他们遇到了困难总是能够沉着冷静，想办法去解决，从不埋怨，更不会把责任推到别人的身上。你无法改变别人，但是完全可以改变自己。假如你把发怨气的时间用来发展自己，强大自己，暗暗地争口气，等到出成绩的时候别人自然就会对你刮目相看了。

阿光今年刚从大学毕业，他学的是英文，自认为无论是听、说、读、写，对他来说，都能信手拈来。

由于他对自己的英文能力相当自信，因此寄了很多英文简历到一些外资公司去应聘，他认为英文人才是就业市场中的绩优股，肯定人人抢着要。

然而，一个星期又一个星期过去了，阿光投递出去的应聘简历却了无回音，犹如石沉大海一般。

阿光的心情开始忐忑不安，此时，他收到了其中一家公司的来信，信里写道："虽然你认为自己的英文水平较高，但是从你写的简历看来，你的英文写作能力很差，大概只有高中生的水平，连一些常用的文法也错误百出。"

阿光看了这封信后，气得火冒三丈，自己好歹也是个大学毕业生，别人怎么可以将自己批评得一文不值呢？阿光越想越气，于是提起笔来，打算写一封回信，把对方痛骂一番，以消除自己的怨气。

不过，在阿光下笔之际，却忽然想到，别人不可能会无缘无故写信批评自己，也许自己真的是太过于自以为是，犯了一些没有察觉的错误。

后来，阿光渐渐平息了怒气，又自我反省了一番，并且还写了一封感谢信给这家公司，谢谢他们指出了自己的不足之处，用字遣词诚恳真挚，把自己的感激之情表露无遗。

几天后，阿光再次收到这家公司寄来的信函，他被这家公司录用了！

证严法师曾说："一般人常说，要争一口气，其实，真正有功夫的人，是把这口气咽下去。"

心态平衡才能远离烦恼

在现实生活中，很多人或多或少都有一些不平衡心理。某人升了官，某人赚了钱，某人买了车，某人买了别墅……你觉得自己原本比别人强，却不如别人风光体面！只要一对比，就会产生不平衡的心理，而这种不平衡的心理又驱使你去追求一种新的平衡，如此反复，身心就会处于一种失控的状态。一个人如果连自己的心态都控制不了，那他的人生也必将摇摆不定，也注定将与快乐无缘。

费希特年轻时，曾去拜访大名鼎鼎的哲学大师康德，想向他讨教。不料，康德对他很冷漠，并严词拒绝了他。

费希特失去了一次机会，但他并没有因此而深受影响，既不灰心丧气，也不怨天尤人，而是从自己身上寻找原因。他心想，自己没有成果，两手空空，大哲学家当然怕打搅，自己为什么不先拿出一些成果来呢？

于是，费希特埋头苦学，完成了一篇论文《天启的批判》，呈献给康德，并附上一封信，信中说："我是为了拜见自己最崇拜的大哲学家而来的。但仔细一想，对本身是否有这种资格都未审慎考虑，感到万分抱歉！虽然我也可以索求其他名人的信函介绍，但我决心毛遂自荐，这篇论文就是我自己的介绍信。"

康德细读了费希特的论文后，不禁拍案叫绝。他为其才华和独特的求学方式所震动，便决定"录取"费希特，并亲笔写了一封热情洋溢的回信，邀请费希特来一起探讨哲理。费希特获得了宝贵的机会，后来他也成为德国著名的教育家和哲学家。

可见，懂得平衡自己心态的人，其烦恼总比别人少，而收获总比别人多。

要知道，这个世界上没有绝对公平的人和事，有时候不管你怎么努力，幸运之神都不会降临到你身上。因此，有的人心中就会有这样的疑问：为什么好人总是多难？为什么坏人总是逍遥？为什么付出努力的人却没有收获？为什么不曾付出的人却能坐享其成？难道生活真的就这么不公平吗？

1963 年，一位名叫玛莉·班尼的女孩写信给《芝加哥先驱论坛报》，因为她实在搞不明白，为什么她帮妈妈把烤好的甜饼送到餐桌上，得到的只是一句“好孩子”的夸奖，而那个什么都不干，只知捣蛋的戴维——她的弟弟，得到的却是一块甜饼。她想问一问无所不知的西勒·库斯特先生，上帝真的公平吗？为什么她在家和学校常看到一些像她这样的好孩子被上帝遗忘了？

西勒·库斯特是《芝加哥先驱论坛报》儿童版《你说我说》栏目的主持人，十多年来，孩子们有关“上帝为什么不奖赏好人，为什么不惩罚坏人”之类的来信，他收了不下上千封。每次拆阅这样的信件，他心里都非常沉重，但他不知该怎么回答这样的提问。

正当他对玛莉小姑娘的来信不知如何是好时，一位朋友邀请他参加婚礼。也许他一生都该感谢这次婚礼，因为就是在这次婚礼上，他找到了问题的答案，并且这个答案让他一夜之间名扬天下。

西勒·库斯特是这样回忆那场婚礼的：牧师主持完婚礼仪式，新娘和新郎互赠戒指，也许是他们完全沉浸在幸福之中，也许是两人过于激动，总之，在他们互赠戒指时，两人都阴差阳错地把戒指戴在了对方的右手上。牧师看到这一情景，幽默地说了一句话："右手已经够完美了，我想你们最好还是用它来装扮左手吧。"西勒·库斯特说："正是牧师的这一句话，让我茅塞顿开。"

右手本身就非常完美了，没有必要把饰物再戴在右手上。同样，那些有道德的人，之所以常常被忽略，不就是因为他们已经非常完美了吗？后来，西勒·库斯特得出结论：上帝让右手成为右手，就是对右手的最高奖赏；同样，上帝让善人成为善人，也就是对善人的最高奖赏。

西勒·库斯特发现这一真理后，兴奋不已，他以《上帝让你成为一个好孩子，就是对你的最高奖赏》为题，立即给玛莉·班尼回了一封信，这封信在《芝加哥先驱论坛报》刊登之后，在短时间内，被美国及欧洲1000多家报刊转载，并且每年的儿童节，他们都要将这封信重新刊载一次。

每个人都是自然界创造的奇迹，对自己的境遇应尽量抱持平和的心态，以感恩的心，充满热情地生活，不要再要求得到其他什么回报，生活本身就是最高的奖赏。

盲目攀比让你与快乐无缘

人世间，有的人家财万贯、锦衣玉食；有的人仓无余粮、柜无盈币；有的人权倾一时、呼风唤雨；有的人抬轿推车、谨言慎行；有的人有豪宅、香车、娇妻；有的人家穷、地薄、棉衣破……一样的生命不一样的生活，常让我们心中生出许多感慨。

看到人家结婚，车如龙，花似海，浩浩荡荡，又体面，又气派。想想当年自己，几斤水果几斤糖，糊里糊涂就和自己的男人圆了房，心里就屈。

看到人家暮有进步，朝有提拔，今日酒吧，明日茶楼，而自己却是滴水穿石，总在原地，猫在家里，像只冬眠的熊，心里就酸。

看到人家逢年过节，送礼者踏破门槛、挤裂墙，而自家却是“西线无战事”“顿河静悄悄”，心里就妒。

看到人家儿成龙，女成凤，而自家小子又倔又犟没出息，心里就怨……

看看别人，比比自己，生活往往就在这比来比去中，比出了怨恨，比出了愁闷，比掉了自己本应有的一份好心情。

攀比，或许是人的一种天性，联想的天性。 一个人有思维，必定有思想。 看到人家好，人家强，凡夫俗子，哪个不心动？就算是得道高僧，也要三声“阿弥陀佛”，才能镇住自己的欲望和邪念。生活的差别无处不在，而攀比之心又难以克服，这往往会让人生的快乐打不少折扣。 但是，假如我们能换一种思维模式，不专拣自己的弱项、劣势去比人家的强项、优势，比得自己一无是处，反而会潇洒些。 要把眼光放低一点，学会俯视，多往下比一比，生活想必会多一份快乐，多一份满足。正如一首诗中所写：“他人骑大马，我独跨驴子。回顾担柴汉，心下较些子”。骑大马的感觉也并不一定就是你想象的那么好，也许跨着驴子，优哉游哉，尚能领略一路风光，更感悠闲、自在。

再说，理性地分析生活，我们也会发现，生活对每一个人都是公平的、公正的，没有偏袒。认识是一个由起点到终点，短暂而漫长的过程，在这个过程中，每个人所拥有和承受的喜怒哀乐、爱恨情仇都是一样的、相等的。这既是自然赋予生命的规律，也是生活赋予人生的规律，只不过我们享用、消受的方式不同，因此便演绎出不同的人生。于是，有的人先苦后甜；有的人先甜后苦；有的人大喜大悲，有起有落；有的人安顺平和、无惊无险；有的人家庭不和，但官运亨通；有的人夫妻恩爱，却事业受挫；有的人财路兴旺，但人气不盛；有的人俊美娇艳，却才疏德亏；有的人智慧超群，可相貌不恭。人生没有永远的赢家，也没有永远的输家，这一如自然界中常青之树无花，艳丽之花无果。

俗话说：“宫殿里有悲哭，茅屋里有笑声。”只是，平时生活中无论是别人展示的，还是我们关注的，总是风光的一面、得意的一面，这就像女人的脸，出门的时候个个都描眉画眼，涂脂抹粉，光鲜亮丽，这全都是给别人看的。回到家后，一个个都素面朝天。站在城里，向往城外，而一旦走出围城，才发现生活其实都是一样的。

某机关有一位公务员，过着安分守己的平静生活。有一天，他接到一位中学同学的聚会电话。十多年未见，公务员带着重逢的喜悦赴会。昔日的老同学经商有道，住着豪宅，开着名车，一副成功者的派头。聚会之后，这位公务员好像变了一个人似的，整天唉声叹气，逢人便诉说心中的烦恼。

“这小子，上学时考试老不及格，凭什么有那么多钱？”他说。

“我们的薪水虽然无法和富豪相比，但不也够花了吗？”他的同事安慰说。

“够花？我的薪水攒一辈子也买不起一辆奔驰车。”公务员心痛地跳了起来。

“我们是坐办公室的，有钱我也犯不着买车。”他的同事看得很开。但这位公务员却终日郁郁寡欢，后来得了重病，卧床不起。

攀比是一把刺向自己心灵深处的利剑，对人对己毫无益处，伤害的只是自己的快乐和幸福。其实人比人并不会气死人，如果可以客观地比较的话，结果肯定是比上不足，比下有余。对于任何一个人来说，都是如此。而会气死人，只是因为某些人只拿自己的缺点跟别人的优点比较，却忽略了自己的优点，把比别人差的地方看得很重，觉得比别人好的地方很普通，甚至忽略。有人会说，人怎么可以跟比自己差的人比呢？要比，当然是跟比自己好的人比了。这句话听起来是很积极的心态，好像是在向好的学习，看到不足，然后加以改善。当然，如果是这样的心态的话，当然很好，但问题是，有些人往往在看到别人好的地方之后，并没有开始好好学习和努力，而只是在不断地埋怨自己，甚至认为自己一无是处。

人比人并不要紧，看到别人的优点可以去学习，但是这不应该是自卑和烦恼的理由。事实上，人比人而生气的人，往往是因为自身的性格和心理上出现了问题，使自己产生了自卑的心理。

克服浮躁的心态

浮躁是一种负面心态，乃轻浮急躁之意。一个人如果有轻浮急躁的心态，是什么事情也干不成的。在现实生活中，常有人犯浮躁的毛病。他们做事情往往既无准备，又无计划，只凭脑子一热、兴头一来就动手去干。他们不是循序渐进地稳步向前，而是恨不得一锹挖成一眼井，一口吃成胖子。结果呢？必然是事与愿违，欲速不达。

《孟子·公孙丑上》有则寓言，说的是宋国有个人，为了让自己田里的禾苗长得快一些，就下到田里把禾苗一棵棵地往上拔。拔完回到家，他对家人说："今天累坏了，我帮助田里的禾苗长高了。"他的儿子听后，忙到田里去看，只见田里的禾苗全都枯萎了。今天用来比喻强求速成反而坏事的成语"揠苗助长"就源于这个故事。

植物生长必须依赖一系列条件，比如：要有适宜的温度，要有适量的水肥，还要有足够的生长时间等。那个浮躁的宋国人急于求成，违反了植物的生长规律，费了半天力气，却把事情办坏了。

在现代社会里，也有这样的人，他们看到一部文学作品在社会上引起强烈反响，就想学习文学创作；看到电脑专业在科研中应用广泛，就想学习电脑技术；看到外语在对外交往中起重要作用，又想学习外语……由于他们对学习的长期性、艰苦性缺乏应有的认识和思想准备，只想"速成"，一旦遇到困难，便失去信心，打退堂鼓，最后什么也没学成。这种情况与明代边贡《曾尚子》一诗里的描述非常相似："少年学书复学剑，老大蹉跎双鬓白"。这是讲有的年轻人刚要坐下学习书本知识，又要去学习击剑。如此浮躁，时光匆匆溜掉，到头来只落得个一事无成。

浮躁的人自我控制力差，容易发火，不但影响学习和事业，还影响人际关系和身心健康，故应该力戒浮躁。

可是，说来容易做来难，我们怎样才能戒除浮躁呢？大家都知道，轻浮急躁和稳重冷静是相对的。因此，要戒掉浮躁之心就必须首先培养稳重的气质和精神。

稳重冷静是一个人思想修养、精神状态很好的标记。一个人只有保持冷静的心态才能思考问题，才能在纷繁复杂的大千世界中站得高、看得远，才能使自己的思维闪烁出智慧的光辉。诸葛亮讲的“非宁静无以致远”就是这个意思。我们如能把“宁静以致远”作为自己的座右铭，就会有助于克服浮躁的缺点。

另外，稳重冷静还是事业上成功的一个重要条件。据《左传》记载，鲁庄公十年，弱小的鲁国在长勺打败了强大的齐国。两军对阵时，齐军战鼓刚响，鲁庄公就要迎战，被曹刿阻止。直到齐军擂第三通战鼓，曹刿才同意出击。齐败退后，鲁庄公急忙要率军追击，又被曹刿阻止，曹刿在战场做了一番观察，才说：“可矣。”事后，曹刿对鲁庄公说：“夫战，勇气也。一鼓作气，再而衰，三而竭。彼竭我盈，故克之。夫大国，难测也，惧有伏焉。吾视其辙乱，望其旗靡，故逐之。”由于曹刿稳重冷静，善于思考，鲁军才能在齐军士气丧失而自己士气正旺的情况下发起攻击，才能在齐军确是溃逃而没有埋伏的情况下乘胜追歼，从而创造了历史上一个以弱胜强的典型战例。

在《荀子·劝学》中有一段发人深省的话：“蚓无爪牙之利，筋骨之强。上食埃土，下饮黄泉，用心一也。蟹六跪而二螯，非蛇鳝之穴无可寄托者，用心躁也。”蟹有六条腿（实际上是八条腿）和两蟹钳，自身条件比蚯蚓强得多。但由于浮躁，如果没有蛇和鳝的洞穴就无处寄身。可见，只要心恒志专，即使自身条件差，也能有所成就；反之，自身条件再好，性情浮躁，也将一事无成。

“涓流积至沧溟水，拳石崇成泰华岑。”这一出自宋代陆九渊《鹅湖和教授兄韵》的诗句告诉人们：涓涓细流汇聚起来，就能形成苍茫大海；拳头大的石头累积起来，就能形成泰山和华山那样的巍巍高山。只要我们勤勉努力，脚踏实地，持之以恒，不论自身条件与客观条件如何，都能走上成才创业之路。

要想远离浮躁，还要学会挡住诱惑。现代社会，成功的比例明显增大。这本是好事，可以鼓舞许多人不甘落后的进取心，但同时也会使人们产生盲目的攀比心理，眼红心动，沦于浮躁，再也坐不住了。他们不问别人成功背后的艰辛，只看别人令人羡慕的结果，于是自己也做起了心想事成的美梦，陷入了这山望着那山高的误区。在他们看来，自己的能力不比别人差，吃的苦不比别人少，而待遇、荣誉、地位却样样不如人，实在委屈了自己。实际上，不是说别人能够做到的，我们就一定能做到，但要赶上别人甚或超过别人，有一个前提条件，那就是首先必须远离浮躁。人贵有自知之明，只有冷静地分析自己的长处和短处、劣势和优势、有利条件和不利条件，然后立足现实，确定目标，制定措施，付诸实践，才有成功的可能。

中国近代学者王国维在他的《人间词话》一书中谈到，古往今来，凡能成就大事业、大学问的人，无不经过读书的三种境界：第一种境界，“昨夜西风凋碧树，独上高楼，望尽天涯路”，是说必须站得高，看得远，选定自己的奋斗目标。第二种境界，“衣带渐宽终不悔，为伊消得人憔悴”，是说一个人在认定自己的目标之后，就要刻苦学习，为实现自己的目标奋力拼搏，即使衣带宽了，人变瘦了，也始终不悔。第三种境界，“众里寻他千百度，蓦然回首，那人却在灯火阑珊处”，是说经过千百次寻求后，回头一看，突然发现自己为之奋斗的目标就在眼前，成功正在向你招手微笑。有了这三种境界，浮躁之心自然会远离我们。

克服浮躁的心态，对我们做事、处世、修身都有益处。一个心浮气躁的人，是不受人欢迎的人，而且其浮躁的心态还会影响他的健康。所以，在生活中注意克服浮躁心态是很有必要的，不然，我们就会深受其害。

第二章

你想成为怎样的人：格局拓宽视野

勇敢接受挑战

美国皮套业的明星约翰·比奇安曾经是一名警官，只是喜欢在业余时间做皮套。后来，约翰创办了全美最大的制造皮套和皮带的工厂——比奇安国际公司，制造的产品专供执法人员和军方使用。他也担任过亨廷顿控股公司的顾问和瑟法里公司的发言人。约翰在这个行业有极大的吸引力，当他出现在皮套展览台时，展厅的人们排着长队，只为一睹他的风采，就像西部乡村歌星会见他的歌迷一样。

约翰给别人讲过这样一个故事："信不信由你。38 年前，我还年轻的时候，在咖啡厅干过，我看见公司的老板进进出出，我观察他们时就问自己：什么使他们与众不同？他们在干些什么？我应当好好研究一下。我发现一件非常重要的事情——他们有一个重要的特点，就是充满信心。他们无所畏惧，他们是自信的。从那时起，我反复思考，后来发现，恐惧是许多问题的根源。你必须对自己有信心，如果你自己没有信心，任何人都无法相信你。"

莱尼特是一名普通的修理工。他的朋友们条件与他差不多，但薪水却都比他高，住在高级的住宅区。莱尼特觉得很困惑，究竟自己什么地方不如他们？

在见过心理医生之后，莱尼特找到了症结所在。莱尼特发现，自从他懂事以来，就极不自信、妄自菲薄、不思进取、

◇ 人要勇于突破自我 ◇

在职场中，人要逼着自己朝更高的目标迈进，不能得过且过，也不能有付出就要立马收到回报的短视思想。现在的所有努力都是在给未来铺路，所以人要鞭策自己，为每一个可能的机会而拼尽全力。

得过且过，他总是认为自己无法成功，也从不认为自己可以改变这一点。

于是，莱尼特痛下决心，再也不自我贬低，而是信心十足。他辞掉了原来的工作。通过面试，他进入一家知名的维修公司，两年之后，成为行业中的名人。

在上面的两个例子中，他们的成功都被掌握在他们自己的手中，而他们成功的关键就是自信。

可见，自信绝不会在遥远的地方，它就在被我们曾经忽视的脚下，等待着我们去发现，去掌握。

欧洲有一句名言："一个人的自我思想决定他的为人。"行为是思想绽放的花朵，人们外在的言行举止，无论是自然行为还是刻意行为，都是由内心隐藏的思想种子萌芽而来。当我们满怀自信，并且全力以赴时，做任何事情都有可能获得成功。

那么，怎样才能建立自信呢？以下是哈佛大学的罗伯特教授总结的建立自信的6个步骤。他认为，不论你现有的自信度如何，只要循此步骤去做，你就会增加自信心去面对生活中的每个挑战。

第一步：告诉自己，一定要实现目标。

生活中，大多数人即使确立了目标，由于并不衷心渴望达成，所以也就缺乏达成的自信心。反过来说，因为不寄予希望，所以嘴上经常挂了这么一句"我做不到"而放弃。

不管你从事什么工作，在工作上追求快速成长而始终认真如一、向目标奋勇迈进的人，总是占少数。大多数人往往只求投入一半心力，并不积极地全力投入。

想要拥有自信，就要有"这才是我唯一的工作"这种全神贯注的信念，这是非常重要的，抱着半途而废的心理绝不可能产生自信。

第二步：要有最好的准备。

为了成功，凡事都需做好万全的准备工作。如你在向人推销商品，这时，保有自信的最好方法，就是事先准备好无论在什么场合见面，都可提供给对方特别的东西，以及提供让对方接受的方法。再者，为了不使对方感觉浪费时间，采取什么样的话题、方式，以适当表达出重点，也必须在事前做深入的了解和准备。

第三步：重心放在你的长处上。

有成就的人知道把精力放在自己最擅长的地方。当你集中精力做好一件事情时，你会觉得自信心增强。林肯可以成为一名一流的律师，但他选择做政治家。他认为他能在历史上写下新的一章，因此决心以毕生的精力来完成这个使命。事实证明他的确做到了。

第四步：从你的错误和失败中吸取教训。

“我们浪费了太多的时间，”一位年轻的助手对爱迪生说，“我们已经试了 2 万次了，仍然没找到可以做白炽灯丝的物质！”

“不。”爱迪生回答说，“但我们已知有 2 万种不能当白炽灯丝的东西。”这种精神使得爱迪生终于找到了钨丝，发明了电灯，改变了历史。

错误会造成严重的后果，错误很可能致命，但这往往不在错误本身，而在于犯错人的态度。能从失败中吸取教训的人，就能建立更强的自信心。

第五步：放弃逃避才能产生信念。

爱迪生说：“在你停止尝试时，那就是你完全失败的时候。”欠缺自信的人，将终日与恐怖为邻。越是被恐怖的乌云所笼罩，自我肯定的机会也就越渺茫。

其实，你所担心的情况一旦即将成为现实时，你的心里往往会有“最糟糕大不了如何……”的万全准备，这种“大不了”的心理，正是你可以克服恐怖心理的最佳证明。所以，这些造成你不安的恐怖事物，说穿了并没有什么，我们如果仔细分析，就会发现你所畏惧的“幽灵”原来不过是一株枯萎的树的影子罢了。你将会为自己深深陷入这恐怖而感到好笑。只要勇敢面对，不但可以从此消除恐怖的阴影，而且能够产生坚强的自信心。

第六步：要切实遵守自己所制定的约束。

这是增强自信的最后一个步骤，也是所有步骤中最简单且最具效果的。此处所指的约束，可以是任何事，而且若能包含你的工作、经济、健康等各种问题，更能收到一石二鸟的效果。

所谓“约束”并不仅仅是在头脑中约束自己，你可以试试在纸上签上自己的姓名，这样会更具效果。比方说“从今天起一周之内，我每天早晨要起来慢跑”，或者“从今天起一周之内，我要比平常早30分钟出门上班”等，都可以将它写在纸上，填上日期，签上姓名。

约束的内容如何并不重要，重要的是将它写在纸上后，不论有什么样的障碍，都务必要切实遵守。记住：成功的秘诀在于恒心。

当你对自己做了某种程度的约束后，在遵守这种约束时，你会发现由于实践而产生了自我信赖，这种自我信赖便是你已开始坦然面对自己的实证，此时自信当然也会根深蒂固地成为你的勇气与力量。

大多数人在实行这种自我约束时，多半会有优柔寡断、迟疑不决的心态，即使实行了，一旦遭遇到挫折，就会立即住手，然而若是用这种写在纸上的签名方法，可能就不大容易半途而废了。不管多么微小的事，一旦立下“只要决心去做一定会成功”的信念，自信便会油然而生。

不要自我设限

海伦·凯勒曾说：“信心是一种心境，有信心的人不会在转瞬间就消沉、沮丧。如果一个人从他的荫庇所被驱逐出来，他就会去建造一所尘世的风雨不能摧毁的房屋。”的确，生活中那些有信心的人比没有信心的人更容易获得成功和快乐。

一天上午，巴巴拉老师让全班35名学生都拿出一张白纸，并在页眉处用大写字母写下“我不能”，然后叫学生列出所有他们不能做的事。例如：

我不能独立完成数学作业；

我不能只吃一个冰淇淋蛋卷；

我不能做3位数以上的乘法；

我不能让卡比拉喜欢我。

在学生们都忙着列出自己清单的时候，巴巴拉老师也在列举自己不能做的事。如：

我不能让吉米遵守课堂纪律；

我不能让威廉的父亲来参加家长会。

写完后，巴巴拉老师让学生们把写好的纸对折起来，然后放进讲台上的空盒子里。

收完后，巴巴拉把盒子盖好，然后把盒子夹在手臂下和学生们一起走出教室。下楼时，巴巴拉在杂物室里拿了一把大铁铲，然后领着学生们来到操场。

巴巴拉和学生们来到了操场最远处的角落，她面向学生们严肃地宣布：“孩子们，今天，在这个庄严的时刻，我们在这里集合，我们将把‘我不能’全部埋葬。”

然后，她挖下了第一铲，学生们一个一个地接着往下挖，每位学生都掘起了满满一铲土。10分钟过去了，他们挖出一个大约1米深的坑。巴巴拉轻轻地把装满“我不能”的盒子放入刚刚挖好的土坑里。

巴巴拉转向学生，叫他们绕着“坟墓”围成一圈，手拉手，低下头。接下来，巴巴拉宣读了令每个人都难以忘怀的悼词：

“孩子们，今天我们相聚在这里，一起来悼念‘我不能’。昨天它与我们同在，进入每个人的生活，有些人多，有些人少。不幸的是，它的名字无处不在，在每处公共场合都能听到，在学校、在商场、在公司、在政府大厅，甚至在总统办公室。

“今天，我们为‘我不能’提供一处安息之地，它去了，留下了它的兄弟姐妹们（我行，我会，我马上）。虽然它们不如‘我不能’声名远扬、势力强大，但总有一天，在我们的帮助下，它们将写下世界上最壮丽的诗篇。

“愿‘我不能’永远安息吧！愿在场的每一位孩子彻底摒弃‘我不能’，珍惜生命，勇往直前。阿门！”

最后，巴巴拉和学生们用土将“坟墓”填满，回到教室，祝贺“我不能”从此离他们而去。作为庆祝仪式的一部分，巴巴拉用包装纸叠成一个大墓碑，用大写黑体字写上：

“我不能”

愿你安息

2002年5月26日

从那个时候开始，这个纸墓碑一直挂在巴巴拉的教室里。只要有学生一时忘记，说了“我不能”，巴巴拉就会指指墓碑，学生往往马上便会笑着改口。

在生活中，那些喜欢自我设限的人最爱说的话就是“不可能”，在做事情之前，他们习惯告诉自己“不可能完成”，结果便真的没有完成，于是他们更加相信自己一开始给自己设定的高度。

如果一个人经常说“不可能”，这对他来说真的是一件很可怕的事情。长此以往，他本来可能做到的事情由于自己思想的限制，结果变成了不可能的事情。经常说“不可能”会让你逐渐放松对自己的要求，一个人如果对自己的要求都放松的话，那么这个人就不会有太大的作为。

假如你是一个只有19岁的穷大学生，连上学的钱都不够，能够在不偷不抢，也不从事任何其他非法的行动，而是完全凭自己的智慧在短短1年内赚到100万美元吗？

估计大多数人听到这样的问题，都会笑着摇头，说：“绝不可能！”

如果再问一句：“你相信有这样的人吗？”可以断定，还是会有不少人会摇一摇头，说：“绝不可能！”

但是在现实生活中，大多数人认为“绝不可能”的事，真的就有人做到了。

这个人名叫孙正义，日本软银集团的创始者，一个被誉为“互联网投资皇帝”的人。全世界没有一个人，包括比尔·盖茨，能够拥有比他更多的互联网资产，他投资的雅虎等互联网资产，占有全球互联网资产的7%。

这个身高仅仅1.53米的矮个子男人，19岁时就制订了自己50年的人生规划，其中一条，就是要在40岁前至少赚到10亿美元。他的这个梦想早已成了现实。

看看他是如何利用智慧赚到人生第一个100万美元的。

在制订人生50年规划时，孙正义还是一个留学美国的穷学生，正为父母无法负担他的学费、生活费而发愁。他也有过到快餐店打工的想法，但很快又被自己否定了，因为这与他的梦想差距太大。左思右想之后，他决定向松下学习，通过创造发明赚钱。于是，他逼迫自己不断想各种点子。一段时期内，光他设想的各种发明和点子，就记录了整整250页。

最后，他选择了其中一种他认为最能产生效益的产品——“多国语言翻译机”。但这时问题马上来了：他不是工程师，根本不懂得怎么组装机子。但这难不住他，他向很多电脑领域的一流教授请教，向他们讲述自己的构想，请求他们帮助。

大多数教授拒绝了他，但最终还是有一位叫摩萨的教授答应帮助他，并为此成立了一个设计小组。这时孙正义又面临着另一个问题：他手上没有钱。

怎么办？这也难不倒他，他想办法征得了教授们的同意，并与他们签订合同：等到他将这项技术销售出去后，再给他们研究费用。

产品研发出来后，他到日本推销。夏普公司购买了这项专利，并委托他再开发具有法语、西班牙语等7种语言翻译功能的翻译机。这笔生意一共让他赚了整整100万美元。

一个人只要开通“脑力机器”去解决问题，就能创造奇迹！而能创造这种奇迹，关键在于改变发问方式：将否定式的疑问——“怎么可能”，变为积极性的提问——“怎样才能”！

将思想聚焦在“怎么可能”的怀疑上，就会压抑自己的智力潜能，把可能实现的东西扼杀在摇篮之中！将思想聚焦在“怎么才能”的探索上，你的脑力机器就会开动起来，把各种“不可能”变为可能！

如果心中只想到事情为什么“不可能做到”，你永远都不可能把事情做好。因此，你应该集中注意力去想如何才能把事情办成。

当要解决问题时，如果问题的难度比较大，就会有很多人对自己说“绝不可能！”然后不再努力，最终放弃。

相反，一个杰出的人，总是通过改变自己的心态和发问方式，最终将“绝不可能”变为“绝对可以”。

石油大王洛克菲勒曾经说过：“哪怕只有百分之一的希望，也值得你百分之百去尝试！”人生中90％的失败都是因为自己否定了自己。

微处理器的发明者马西安·泰德·霍夫曾说过一番有意思的话：“发明的能力之一恐怕是你要自以为能够发明。我记忆所及的最有意义的经历之一，就是遇到过一些成功的企业家，他们的设想并不一定比别人高明，不同之处仅在于他们有一股推动力去追求设想的实现。在我看来，推动力是比设想更重要的。我想这对于发明来说也是同样的道理。”

弗罗姆是有名的思想家和创造学家，他把创造力与无畏联系起来，在对一些创造力高的自我实现者进行研究之后，描述道：“在我看来，要找出这一切之所以如此的原因，这多半要追溯到我的这些人物比较无畏的品格。他们显然较少有对文化的顺应态度，他们不害怕别人会说什么、会要求什么、会笑话什么。他们不需要依赖别人，因此也比较少受他人影响，他们不害怕他人，也不敌视他人。可是，或许更重要的是自我实现的人不畏惧自己的内部世界，不怕自己的情绪和思想。他们比普通人更容易接受自我。这种对自己的深刻赞同和认可，使他们更有可能敢于觉察世界的真正性质，也让他们的行为更有自发性。”

而有些人如果遇到一些问题，就产生“只能到此为止”的念头，或者认为自己已经到了“智能极限”，没有可能再向前进一步了。

很多的成功人士却与此相反，他们总是勇于向所谓“智能极限”挑战，变各种“不可能”为“可能”。

在做这件事情之前，首先他们不会问自己是否可能，而只是问自己是否完全尽力了——无论要解决的问题难度有多大，不要先说这是否可能做到。

事实上就是把“不可能”的戒律先放一边，而只想自己是否完全尽力，是否想尽了一切办法、穷尽了一切可能……

只有把意识的焦点放在解决问题上，这样才能减轻解决问题的焦灼感，让你能沉下心来进行思考和创造，集中心智去解决问题，这样也许会让问题得到很好的解决。

日本索尼公司在20世纪40年代末，所生产的录音机每台重36千克，不仅体积大，而且生产成本也高，价格十分昂贵，市场销售很不景气。井深是这家公司的负责人，他决心把录音机的体积大大缩小，降低成本。

他亲自带领公司最得力的技术人员住进横滨市的一个温泉宾馆，之后他向大家宣布了一条“军令状”：限10天之内拿出有效的解决办法来。

大家在开始时都觉得不可能，但是后来，大家根本不考虑可能不可能，反而夜以继日地全心钻研，只问是不是想尽了一切办法。一个个方案相继提出来，又一个个地被否定，接着又产生新的构想。10 天的期限到了，有效的解决办法也终于产生了。

索尼公司在不久后便向市场推出了畅销全国的产品——磁带录音机。

克勒蒙特·史丹是属于古典的《赫雷萧·亚尔嘉成功谈》故事里的主角型人物，他早年的生活非常贫困，在南塞德卖报生涯中开始他的创业，据说他拥有巨大的财富。他也是博爱主义者，希望每个人都能发挥潜能，他将一生都奉献给启蒙活动。

他在自己办的杂志《成功》中谈道："不必理睬向你说'不可能'这些悲观字眼的人，然后提出好的方法来证明'那种事不可能'乃是谎言。有数百万人在他们的人生中拥有能力却不能实现更高的目标，这是为什么呢？听到别人对他说'那种事是不可能的'，自己也就相信了，并且未曾学习和应用'积极思考法'来振奋自己。如果他们能有意识地树立积极的态度，周围纵然满是荆棘，也能在不侵犯他人权益的情况下，达到所有目标。"

记住克勒蒙特·史丹的这段话吧，它能够使你受益终生。

生活不会辜负你的期待

美国著名女明星卡罗·伯娜蒂从小长得瘦长难看。妈妈和外婆都叫她“可怜的伯娜蒂”。她不仅身材瘦削，而且长着一张难看的瘪嘴唇，几乎没有下巴。丑陋、阴沉、寡言，就是她在洛杉矶度过的童年时代给人的印象。伯娜蒂一直在心中问自己：“难道在我身上真的没有一点可用于创造自己美好人生的某些天才素质了吗?”

有一个声音一直在她的心底轻轻说着：“有的，有的!”

虽然她并不知道这究竟会是什么天才，但她仍去洛杉矶大学报了名。读大学在当时是件并不容易的事。伯娜蒂家从来就没有什么钱，爸爸和妈妈离了婚，爸爸经常来看她，每次来就给一两美元。自爸爸离家后，妈妈与外婆老是不和，她们经常为了钱，为了家里少这缺那而发生争吵。最后，妈妈也像爸爸一样开始喝酒。

伯娜蒂在少年时代，经常去电影院看电影，平均每周要看三场。有许多电影她反复看了两三遍。到周末，她就与一些好朋友一起去看电影，回家后，就一起排演刚看过的电影片段。有时当伯娜蒂一人在家时，她就打开收音机在房内跳舞，她常常从沙发上跳到床上，从床上跳到桌子上，一直跳到有人来为止。只有在这时，她才感到自己是一个有生气的人。

当洛杉矶大学接纳她后，伯娜蒂才发现，他们并没按她的愿望让她读新闻专业。当她打开课程表时，发现自己被分在T班——戏剧艺术系。天哪，她简直要疯了：他们一见我那不雅观的面容不会笑我吗？伯娜蒂清楚，不能将这件事告诉妈妈和外婆，但她还是办了入学手续。

那一年，伯娜蒂努力试演每一个供学习用的独幕剧，最后她在一个26分钟的喜剧中扮演了一个乡下妇女的角色。此时，她仍然没有勇气将她正在追求的事业告诉妈妈和外婆，所以，她也没叫她们来看自己的演出。

开演的那个晚上，伯娜蒂很紧张。但是，一出场，满堂笑声一下子就使她感到不紧张了，心中充满激动，她感到自己的胸中开始产生一种好的感觉，一种温暖感。这种感觉传到她的心中。她一直沉浸在兴奋与激动中，没有任何人在意她是否漂亮、是否可爱、是否富有，这些都成了无关紧要的事情。

在进入大学的第三年，伯娜蒂与一个叫多恩·塞劳扬的同学恋爱了。他们在一起谈论的所有打算就是怎么去纽约，去百老汇。伯娜蒂的理想是能在乔奇·阿伯特导演的音乐喜剧中担任角色。就在这时，他们中的一些人被邀请参加一次豪华的社交聚会，并表演了节目。节目结束后，伯娜蒂来到餐品柜台前，正当她急匆匆叉起几块诱人的小甜饼放入自己的手提包，准备带回家给妈妈和外婆吃时，一只大手从背后搭到她肩上，啊！天哪，她被抓住了！

伯娜蒂转过身来，看到了一位矮胖的、大约50岁、穿着黑色晚礼服的男子，在他旁边还站着一个妇人，两人都向她微笑着。当她悄悄拉上手提包时，多恩也过来了。有人把他俩介绍给了C先生和C夫人。

"我们很欣赏你们的演出，"C先生说，"这是不是你们想要终身从事的事业呢？"

"是的，我是这样想的。"伯娜蒂回答道。

"很好，然而，你们为什么还不是一个职业演员呢？"

多恩抢着回答说："所有的歌剧院都在纽约。"

"那么，就到纽约去吧！"

"也许有一天我们会去的。"伯娜蒂说。

"现在就去！为什么你们现在不去呢？"

伯娜蒂盯着他说："钱！没钱！"

他指着自己的胸脯说："看我，当我刚踏上社会时身无分文，现在我已拥有大量财产！去纽约你们需要多少钱？"

"噢，起码要1000美元。"这时伯娜蒂已有些疲倦了，正打算回家。

"好，我给你们，"C先生说，"下星期来找我，我给你们钱。"

在回家的路上，伯娜蒂和多恩一直在猜想C先生的话究竟是什么意思，是不是他喝多了香槟？

第二个星期一，他们如约来到C先生住处。当伯娜蒂他们进入C先生的办公室时，他正坐在一张巨大的办公桌后面。

屋内很安静，她在椅子上坐立不安。C先生问他们："是什么使你们认为在纽约能成功？"

"我不是认为我能成功，而是知道我一定能成功。"说完这句话，伯娜蒂对自己会这么胆大妄为地说出这句话也感到惊异。

“好，这是一个艰苦的职业。但是，你的自信让人相信你一定能成功。”他说，“我打算借给你们每人1000美元。你们可以在5年内还我，不计利息。”

他给他们每人一张支票。在伯娜蒂的生活中，她从没见到过这么多的钱。当他们起身告辞时，一再向他道谢。

1954年，伯娜蒂来到纽约，被选任排演俱乐部总管。

1955年3月3日，是伯娜蒂首次在纽约公演的日子。那晚，剧院里坐满了许多大人物。

当演出即将开始，剧场灯光渐渐暗下去时，伯娜蒂感到自己的呼吸快要停止了，心想：“就这次机会了，如果我的演出不能赢得他们的喜爱，我将就此退出舞台。上帝，请帮助我！”她演唱的是一首性感的、有趣的通俗歌曲，它是由埃赛·凯蒂在百老汇唱红的，描述一个困倦奢侈而热烈向往新生活的少妇心态的歌。

纽约的观众非常熟悉这首歌。那天，伯娜蒂脚穿一双邋遢的平底鞋，头戴一顶卷发头套，身穿一身从旧货店买来的那种不修边幅的女人穿的旧衣服。演出非常成功，赢得全场的喝彩声，她一连几次出台谢幕。

那次演出后，事情进展十分顺利，纽约北部地区与伯娜蒂签订了歌唱喜剧的演出合同，波尔·威查尔电视台给她一个演员职位，格雷·摩电视台聘请她担任客串演员。接着，1959年5月，伯娜蒂来百老汇的梦想终于实现——她成了乔奇·阿伯特导演的一出音乐喜剧的主角。这出戏成了百老汇最引人注目的一出戏。

伯娜蒂的经历让人明白，只要你自己有信心，并愿意为理想付出努力，积极为自己寻找机会，生活不会辜负你的期待。

一般来说，自信心的获得，与下列几种因素相关：

从小在家庭中受到父辈的表扬、肯定、赞许较多；

在学校中受到老师的表扬与鼓励较多；

在单位受到领导或上司的信任和器重；

在社交场合中受人尊重和喜爱；

有亲人、朋友和同事的支持和劝勉；

受到自己喜爱的好书或偶像的激励和鞭策；

在生活道路上所受的挫折较少，个人成长比较顺利；

受到了良好的教育，心理素质较高；

……

当然，缺乏自信是一种心理习惯，它就和其他习惯一样，是后天养成的，是可以通过长时间的努力而加以改变的。

爱默生曾经指出："习惯是一个人思想和行为的支配者。"休谟也说："习惯是人类生活最有力的向导。"起初是我们形成习惯，可是到后来，却是习惯支配我们的思想和行动。习惯可以在不知不觉中形成，也可以有意识、有目的地培养。特别是好习惯，大多是在有意识的训练中培养出来的。因此，一个不愿意虚掷生命的人，是会有意识、有步骤地培养自己的自信心，克服自卑感的。

那么，该怎样培养自信的习惯呢？下面列举了几条简单而行之有效的方法：

(1)在心灵深处，对自己未来的发展，要形成一个稳定、恒久的远景目标和规划。牢牢地把握这一目标，切不可让它消失。你要在精神中寻求，使这一目标更加明晰。决不要把自己想象为一个失败者，决不要怀疑你的目标的实现，那是最危险的思想，因为你的精神一直在为你的目标的实现而努力。所以，不管当下的情况是如何糟糕，你都只能设想“成功”。

(2)无论何时何地，只要影响你的消极思想一产生，理性的声音、积极的思想就应立即把它驱逐出去。

(3)在想象中，不要设置任何障碍物。要藐视任何一个所谓的障碍，把它们减少到最低限度。对困难一定要经过研究，采取切实有效的办法把它们克服。但是，只有当困难确实存在的时候才能考虑对策。千万不要因为畏难心理过高地估计它们。

(4)找最了解你的朋友，让他帮助你找出你做错事的原因。了解你自卑和信心不足的根源，它们往往是从孩童时代开始的。认识自我是一条很重要的线索。

(5)正确地估价自己的力量，然后，把它提高10%。不要变成一个自我中心主义者，但是要保持应有的自尊。

信心是一种心理状态，可以用成功暗示法去诱导出来。对你的潜意识重复地灌输正面和肯定的语气，是发展自信心最快的方式。如果我们用一些正面的、肯定的、自信的语言反复暗示和灌输给我们的潜意识，那么，这些东西就会在我们的潜意识中牢牢扎根，发展为我们的自信心。

塑造一个最好的你

每个人都是一个财富的仓库，只不过是你有没有发现而已。

有两个人，一个是体弱的富翁，一个是健康的穷汉，两个人相互羡慕着对方。富翁为了得到健康，乐意让出他的财富；穷汉为了成为富翁，随时愿意舍弃健康。

一位闻名世界的外科医生发现了人脑交换方法。富翁赶紧提出要和穷汉交换大脑。这样做的结果，富翁会变穷，但能得到健康的身体；穷汉会富有，但将病魔缠身。

手术成功了，穷汉成为富翁，富翁变成了穷汉。

但不久，成为穷汉的富翁由于有了强健的体魄，又有着成功的意识，渐渐地又积累起了财富。可同时，他总是担忧着自己的健康，一感到轻微的不舒服便大惊小怪。由于他总是那样担惊受怕，久而久之，他那极好的身体又回到原来那多病的状态中，或者说，他又回到以前那种富有而体弱的状态中。

那么，另一位新富翁又怎么样呢？

他总算有了钱，但身体虚弱。然而，他总是忘不了自己是个穷汉，有着失败的意识。他不想用换脑得来的钱建立一种新生活，而是不断地把钱浪费在无用的投资里，应了“老鼠不留隔夜食”这句老话。钱不久便挥霍殆尽，他又变成原来的穷汉。然而，由于他无忧无虑，换脑时带来的疾病不知不觉地消失了，他又像以前那样有了一副健康的身子骨。最后，两个人都回到了原来的模样。

做人永远是做自己最好，别太羡慕别人。因为每个人都有自己的优势，也许自己有的，他人却没有。而成功与否也不在于你是谁，只要努力了，你就能成功，能够取得向往的一切。

塑造一个最好的你，这个目标人人都可以实现。你只要意识到自己是大自然的一分子，坚信自己拥有“无限的能力”与“无限的可能性”。

1. 善于发挥自己的优势

美国哲学家爱默生说：“人的一生正如他一天中所设想的那样，你怎样想象，怎样期待，就有怎样的人生。”比尔·盖茨喜欢这样一句话：“除了我的天才外，没有什么好宣扬的。”他就是一个超级自信的人，因此，他创造了“天价财富”。

美国赫赫有名的钢铁大王安德鲁·卡内基就是一个充分发挥自己创造机能的楷模。他12岁时由苏格兰移居美国，先在一家纺织厂当工人，当时，他的目标是决心“做全工厂最出色的工人”。因为他经常这样想，也是这样做的，最终他实现了他的目标。后来命运又安排他当邮递员，他想的是怎样“做全美最杰出的邮递员”。结果，他的这一目标也实现了。他一生总是在根据自己所处的环境和地位塑造最佳的自己，他的座右铭就是“做一个最好的自己”。

做一个最好的自己，不一定非要腰缠万贯或是非有高官厚禄不可，就像人的手指，有长有短，有粗有细，它们各有各的用场，各有各的美丽，你能说大拇指比食指好吗？决定让你最好的因素，既不是你物质财富的多少，也不是你身份的贵贱，关键是看你是否拥有实现自己理想的强烈愿望，看你身上的潜力能否充分地发挥。

2. 靠自己去成功

“没有什么救世主，只有靠我们自己。”只有这样坚定的信念才能使你更独立、更自信、更加刚毅和坚不可摧。

一个马车夫正赶着马车，艰难地行进在泥泞的道路上。马车上装满了货物。忽然，马车的车轮深深地陷进了烂泥中，马怎么用力也拉不出来。车夫站在那儿，无助地看着四周，时不时大声地喊着大力士阿喀琉斯的名字，让他来帮助自己。

最后阿喀琉斯出现了，他对车夫说：“把你自己的肩膀顶到车轮上，然后再赶马，这样你就会得到大力士阿喀琉斯的帮助。如果你连一个手指头都不动，就不可能指望阿喀琉斯或其他什么人来帮助你。”

天助自助者。想得到别人的帮助，你首先要学会自立，学会自助。

培养成熟的个性

年轻人都希望能有所作为。殊不知，事业同培养自己成熟的个性也有极为重要的关系。

纵观历史上杰出的人物，大都是一些个性成熟程度较高的人。居里夫人两度获诺贝尔奖，爱迪生一生搞出了近两千项发明，这些无不与他们具备成熟的个性密切相关。正因为如此，爱因斯坦独具慧眼地发现了这个秘密，他说："不深入研究科学创立者的个性发展，虽然可以了解和分析科学的内容，但是，在这种片面客观的叙述中，某些步骤有时可能看来是偶然的成功……只有在对他们的智力发展进行深入研究的情况下，才能理解这些步骤是怎样成为可能的，甚至是必要的。"由此看来，培养成熟的个性，是走向成功的重要阶梯。

那么，什么叫成熟的个性呢?

所谓个性，通常是指一个人的气质、性格和能力。所谓成熟，它包括成长、发展所能够达到的水平和发展过程中的机能结构的变化。具体可分为身体的成熟、情绪的成熟等。

对此，社会心理学家进行了广泛研究。比较一致的认识是：具有成熟人格的人，是能够最大限度地发挥自己的精神力量，并与环境建立起和谐关系的人。美国心理学家马斯洛挑选了一些可称为"最充分发挥作用"的人进行研究。他发现这些人的个性特征虽然极不相同，但是都有一些共同的心理特征，主要有以下 12 项：

(1) 在对现实的客观知觉方面，能明确区别已知和未知、事实和对这些事实的意见、事物的本质和表面现象。

◇ 性格不成熟的表现 ◇

由于胆小而不愿意走向社会。

行为出于利己的动机。

为人不可靠，没有责任感。

生活图一时快乐。

(2)能正确看待自己、别人和世界。

(3)非利己主义，追求目标高远，不搞内部摩擦。经常考虑“我对单位有什么贡献?”“企业对社会能有什么贡献?”

(4)能忍受孤单和寂寞。

(5)有创新能力。

(6)行为自然，但不打算由于矛盾而简单地破坏常规。

(7)看人重实际而不重表面，对有良好性格的人抱有友爱态度，无出身、门第、地位的偏见。

(8)对部分人常有深深的依恋，不无端地敌视别人。

(9)能清楚地辨别善恶，其实际行动与道德认识一致。

(10)具有相对摆脱现实环境的独立性。

(11)意识到目的和手段的区别，既注重目的，也不忽视手段。

(12)超然于琐碎事物之上，有广阔的视野和远见，其活动以是否具有价值为指南。

这些特点又可分成三个方面：主体内部特征、主客体关系特征和人与人之间关系特征。能客观地观察问题、有较强的工作能力等都属于主客体关系范畴的个性特征；行为自然、正确看待自己、独立自主精神等，属于主体内部的个性特征；善恶分明、非利己主义、不无端敌视别人、无地位偏见等，属于人与人关系范畴的个性特征。这三个方面的恰当结合，就形成了成熟的个性。

不成熟个性的特征，其表现则主要有以下 10 项：

(1)残留着对双亲的依从。

(2)通常由于胆小不愿意走向社会。

(3)行为出于利己的动机。

(4)缺乏独立性、自觉性。

(5)情绪不稳定，攻击性或逃避性行为偏多。

(6) 为人不可靠，没有责任感，不宽容。

(7) 生活图一时快乐。

(8) 劳动不认真。

(9) 不能正确认识世界和自己。

(10) 不能同别人建立和谐的关系。

这些特征也可归结为主体内部、主客体关系、人与人关系等三方面特征。不成熟的个性往往在人生道路上形成巨大的障碍，甚至使人终生平平庸庸、碌碌无为。

追求个性成熟的生活品性，应该努力做到以下几点：

(1) 意志坚毅。在个体时代中，意志坚毅是首要的品性。它使个性顶住种种压力，永远立于不败之地。首先顶得住压力，然后才能克服压力。意志坚毅的人，懂得执着于目标，能够推开不必要的生活，抗干扰能力极强。意志坚毅的人，保持着个性，守护着个性的每一道可能存在的缺口，个性得以确保完整。

(2) 想象力丰富。想象力最终将把生活引领到“美丽”境界，意即美丽人生。美不是美学家的专利，想象力是人类共通的一道风景，个性最容易在这方面形成巨大的共鸣。想象力是驱使你向前的动力，使你即使处于生活低潮，依旧不会迷失方向，不会备感无力地听天由命。想象力作为个性的舵手是合适的。生命罗盘几乎就是按想象力的大小制造的。想象力最明确的一点就是它的未来指向。它的品性将给个性增添美丽的光彩。

(3) 自我认识客观。“认识你自己”这个命题太古老了，却历久弥新，是每个人必须时时面对的问题。认识自我在个性的品性中表现为自我意识和自知之明两个方面。人类早在婴儿期就开始具有自我意识了，成熟的自我意识应该是相信自己是独一无二的。自知之明却是一道安全门，它有利于正确疏导自我意识中的狂妄部分。

我们怎样看待自己，不但影响自己的态度和行为，也影响我们看待他人。除非同时认清自我，又考虑到他人，否则我们无法了解他人的世界。当一个人对自己的定义是来自外在力量时，极有可能会将他人眼中的我和真正的自我搞混淆。他可能就接受这个形象，而忘记个性，从而拒绝更好的选择。

克洛斯克博士做过一个试验，他让人们记下他人的看法，再把这些和真正的自我比较，结果发现，大多数人的个性形象过分依赖他人的观感。这是在不知不觉间形成的，是一剂慢性毒药。

对于中毒已深的个性，总希望别人给一剂解药，结果陷入更深的歧途。

要肯定一个人的价值和潜能，也就是要肯定一个人的个性，就必须以诚相待，以他的个性为基准，而不是以他的行为来评价。你必须先了解自己，才能了解别人。若不了解自己，无法掌握个性，也就很难喜欢自己了。

(4)智慧完善。个性在这一品性表现出同情他人和宽容的优秀品质。完善的智慧有利于解除过分戒备的紧张心理状态。有许多人，他们的本质是善良的，但在做事之前会有一个顾虑的算计，这个算计并非要将他人之物夺过来，而是试图将属于自己的部分紧紧抱住，不被他人抢夺。这样的顾虑无利于事情的进行，最终会毁了自己。而具备完善智慧个性的人却表现为宽容与合作的态度，他不害怕别人的算计，只把目光盯在正在进行的事情上，最后凭智力取走理应属于自己的成果，这样的人永远有不可动摇的安全感。

(5)勇敢。勇敢永远是人类推崇的个性境界。勇敢的个性表现为大度和从容，因为心无畏惧，没有理由不表现为大度和从容。大度使人不怕损失，他有绝对的信心挽回损失。从容使人能够冷静地判断问题，能够体贴别人。

勇敢真是一件不容易的事。它的根基必须扎在高度的自信心上。血气之勇不是勇敢。勇敢的个性能够笑对大业和琐事，能够将压力转化为动力。

(6)创造力。牛津大学提倡充分发挥创造力，非常注重培养具有创造力的思维方式。没有创造力的个性是轻浮的，不可能在生活中站住脚，一阵风足够摧毁它。

(7)超越自我。在个性的世界中，超越自我是自己对自己的战斗。质和量都必须具备最强的突破力，这是一个永不停息的从不间断的自救行为。

一个拥有成熟个性的人是能够洞察自己的弱点的，能够有意识地寻找知识和力量来克服它，从而有效地解脱自身的束缚。

第三章

你在思考什么：格局打开思路

像天才一样思考

天才的见解是如何产生的？创造出《蒙娜丽莎》和相对论的思维方式有哪些共同之处？爱因斯坦、爱迪生、达·芬奇、达尔文、毕加索、米开朗琪罗、伽利略、弗洛伊德和莫扎特这样的天才们的思维方式有哪些特点？我们能从他们身上学到些什么？

一般人的思维方式通常是复制性的，也就是说，以过去遇到的相似问题为基础。遇到问题的时候，我们就会这样想："我在生活、教育及工作中学到的知识是怎样教我解决这个问题的？"然后我们就会选择以经验为基础的最有希望的方法，排除其他一切方法，并沿着这个明确界定的方向去解决问题。这些以经验为基础而采取的步骤的可靠性使我们对于结论的正确性非常自负。

相比之下，天才的思维方式则是富有创造性的。遇到问题的时候，他们会问："能有多少种方法看待这个问题？""怎样反思这些方法？""有多少种解决问题的方法？"他们常常能提出多种解决问题的方法，而且有些方法是非传统的，甚至可能是独特的。

运用创造性的思维，你就会找到尽可能多的可供选择的解决方法。你在考虑可能性最大的方法时也考虑了可能性最小的方法。所以，重要的是乐意挖掘所有的方法，即使你已经发现了一种很有希望的方法。曾经有人问爱因斯坦，你与普通人的区别在哪里。爱因斯坦回答说："如果让一位普通人在一个干草垛里寻找一根针，那个人在找到一根针后就会停下来；而我则会把整个草垛掀开，把可能散落在草里的针全都找出来。"

诺贝尔奖获得者理查德·费因曼在遇到难题的时候总会形成新

的思考方法。他觉得，自己成为天才的秘密就是不理会过去的思想家们如何思考问题，而是创造出新的思考方法。

复制性思维方式会使思想僵化，如果你永远按照常规的思路去思考，你得到的也永远是惯常的东西。

之所以说天才的思维与生物进化相似，是因为天才需要对事物做出多种多样的无法预知的选择和推测。天才在众多的选择中保留下最佳的思路，以便于进一步的发展和交流。这种理论的一个重要方面是，你需要掌握某些创造不同思路的方法，而且要使创造不同思路的方法确实有效，它必须是“盲目的”。盲目的变化意味着脱离(已经获得的)复制性知识。

越来越多的学者试图总结天才们的思维方式，这些学者在研究了世界上最伟大的思想家的笔记、信件、谈话和思想以后，归纳出天才们具体采用的思维方法和思维策略，发现这些方法和策略使天才们产生了无数种新奇而独到的见解。

天才们往往善于发现某个他人没有采用过的新角度。达·芬奇认为，为了获得有关某个问题的构成的知识，首先要学会如何从许多不同的角度重新构建这个问题。他发现自己看待某个问题的第一种角度太偏向于自己看待事物的通常方式，他就会不停地从一个角度转向另一个角度，重新构建这个问题。他对问题的理解随着视角的每一次转换而逐渐加深，最终便抓住了问题的实质。

事实上，爱因斯坦的相对论就是对不同视角之间关系的一种解释。弗洛伊德的精神分析法旨在找到与传统方法不符的细节，以便发现一个全新的视角。

文艺复兴时期，人类的创造性得到了迅速发展。这种发展与图画和图表对大量知识的记录和传播密切相关。比如，伽利略用图表形象地体现出自己的思想，从而在科学上取得了革命性的突破。而他的同时代人使用的还是传统的数学方法和文字方法。

天才们一旦具备了某种起码的文字能力，似乎就会在视觉和空间能力方面形成某种技能，使他们得以通过不同途径灵活地展现知识。当爱因斯坦对一个问题做过全面思考以后，他往往会发现，用尽可能多的方式表述思考对象是必要的。他的思想是非常直观的，他运用直观和空间的方式思考，而不是纯数字或文字的推理方式思考。爱因斯坦认为，文字和数字在他的思维过程中发挥的作用并不重要。

物理学家和哲学家戴维·博姆认为，天才之所以能够提出各种不同的见解，是因为他们可以容纳相对立的观点或两种互不相容的观点。研究创造过程的著名学者艾伯特·罗腾伯格指出，许多天才，包括爱因斯坦、莫扎特、爱迪生、巴斯德和毕加索等等，都有这种能力。

物理学家尼尔斯·玻尔认为，如果你把两种对立思想结合到一起，你的思想就会暂时处于一种不稳定的状态，然后发展到一个新的水平。这种思想的“悬念”使思考能力之上的智力活跃起来并创造出一种新的思维方式。对立的思想纠结缠绕为新观点的奔涌而出创造了条件。玻尔创造并协原理的能力来源于他把光想象成一种粒子和一种波。爱迪生发明的实用照明装置就需要在灯泡中把并联线路与高电阻细金属丝相结合。而持传统观点的人认为，这两样东西根本不可能结合。因为爱迪生能够允许两种互不相容的事物同时存在，他就能够看到一种他人看不到的关系，从而有所突破。

亚里士多德把比喻看作天才的一个标志。他认为，这是一种特殊的思维方法。如果相异的东西从某种角度看上去确实是相似的，那么，它们从其他角度看上去可能也是相似的。亚历山大·格雷厄姆·贝尔把耳朵的内部构造比作一块极薄的能够振动的钢片，并由此发明了电话。

富有创造性的天才们知道如何运用这些思维方法，并且教其他人使用这些方法。社会学家哈丽雅特·朱窨蔓发现，恩里科·费米培养出了 6 名像他一样获得诺贝尔奖的学生。欧内斯特·劳伦斯和尼尔斯·玻尔各有 4 名学生获得诺贝尔奖。英国物理学家约瑟夫·汤姆森和欧内斯特·卢瑟夫一共培养出 17 位诺贝尔奖获得者。上述这些诺贝尔奖得主不仅自己富有创造力，而且能够教授他人如何创造性地思考问题。

认识到天才们共同采用的思维方法并且运用这些方法，就可以帮助你提高在工作和个人生活中的创造力。

思维模式是人的智力因素和非智力因素的综合体，它反映了每个人的思维个性和思维特征。思维模式的形成与遗传、家庭、生活环境、教育、职业、个人经历等有密切的关系。思维模式的类型多种多样，很难做清晰的界定，如积极主动的思维模式、循规蹈矩的思维模式、军人的思维模式、商人的思维模式、科学家的思维模式等。对于孩子来说，其早期思维模式的养成和塑造非常重要，有些思维模式甚至会影响人一生的发展。俗话说，“三岁看老”“江山易改，本性难移”“性格即命运”等，讲的就是这个道理。由于思维模式的多样性和复杂性，因此很难预先设定每个人应该塑造什么样的思维模式和怎样塑造思维模式，只能靠施教者因势利导和自己不断的揣摩来提高。不过从持续发展的角度看，我们应该有意识在各方面培养自己的自觉主动型思维模式和创造型思维模式。

思考问题不能只看眼前

有这样一个有趣的故事：

有三个人，在同一天被关进了监狱，刑期都是三年。有一天，监狱长对他们说："你们现在每个人可以向我提一个要求，只要合法，我一定满足。"

一个人说："我要够我抽三年的烟草。"

另一个人说："我要一个美丽的女人。"

还有一个人说："我要一部联网的电脑。"

三年过去了。

要烟草的人从监狱中冲了出来，满脸烟末，狂吼着要打火机。

要女人的人和一个女人从监狱里出来，他抱着一个孩子，那个女人领着一个孩子，女人的肚子里还怀着一个孩子，两人都一脸愁容——三个孩子，怎么养活？

只有要联网的电脑的人出来时满面春风，他握着监狱长的手说道："谢谢你了，多亏了这部电脑，三年中我的生意不但没有中断，还扩大了两倍，为了表示谢意，我送你一辆奔驰。"

上面故事中的要联网的电脑的人，在考虑问题时，富于预见性，最终获得了成功。而那个要烟草的人和要女人的人，走一步看一

◇ 思考问题要长远 ◇

思考问题时要有长远的战略性眼光。短视思维可能会让你之后陷入被动。只顾眼前而不看后果的人是无法掌控自己的人生的。

步，只考虑眼前的快活，不为以后打算，结果虚度了三年时光，并给以后的生活留下了负担。这就是不同的思维习惯带来的不同结果，如果你考虑得不够长远，那就得承受短视带来的苦果。这就像我们买房子一样，冬天时你看到楼旁有一条可供溜冰、玩耍的小河，不要高兴地认为这所房子再理想不过，城里的小河一般都受到不同程度的污染，在买之前，你还应该考虑一下，这条河到了夏天是否会让你感到不舒服。

考虑问题只看眼前的后果，会使你陷入被动。

李某想开一间饭店，可是手里没有本钱，妻子的意见是李某最好先去别人的饭店打工，一边挣些钱，一边学点经验，总不能全靠借贷开店啊！但李某却不同意："船到桥头自然直，还是借钱先把店开起来再说，还钱啊什么的以后再考虑！"就这样，李某从朋友和亲戚手里借了八九万，饭店就开张了。一段时间后，一个朋友家里出了事，来找李某要当初借给他的三万元钱。李某这下子可着了急，向银行贷款是不用想了，唯一的办法就是托人借"高息贷款"，妻子劝他多想想，他却说："先借来还给朋友，这三万块钱慢慢再还吧！"饭店开张两个月了，可客人却稀稀落落，挣来的钱勉强够维持日常支出，这样下去可不是办法。李某又有了一个新想法：允许赊账，他认为这样做一定会招徕顾客。朋友们纷纷劝他一定要慎重，因为赊欠就像一个雪球，总是越滚越大，它可能会解决眼前客人少的问题，但时间长了，也会给经营带来困难。然而李某依然没有听从大家的劝告，允许赊欠后，店里的生意果然火了起来，街坊邻居都来凑热闹，可是好景不长，两个月后李某就支撑不住了，店里连买菜的钱都不够，他开始收账，但那些常客翻脸像翻书一样快，再也不登门了。就这样，开店四个月后，李某低价把饭店转让了出去，他没挣到一分钱，却欠了很多债，惹了不少麻烦，现在夫妻俩还得每天出去讨账呢！

李某的失败就是由于对问题的考虑不够长远。我们看到他在解决问题时，总是只顾眼前需要，而不看后果如何。他借贷开店，不考虑日后的还款能力，为了解决顾客少的问题，竟然采取允许赊欠的方法，既不考虑可能会给资金流动带来的影响，也不考虑日后收账的困难，他这种拆了东墙补西墙的方式，虽然解决了眼前的问题，却给日后的经营埋下了隐患，终于导致了经营的彻底失败。

我们常把只看眼前不顾未来的做法称为短视，一个短视的人很难正确处理生活中遇到的各种问题，而且也很难有什么成就。在不断前进的人生旅途中，一个人如果总是想一步走一步，那么他一定会碰到很多障碍。只有抛弃短视的恶习，多做一些长远打算的人，才能掌握自己的人生，拥有一个不可限量的未来。

学会重点思维

现实生活中，不管你所面对的问题有多重要、多紧急，你一定要先决定去做最重要的事，这样才能减少那些不必要的损失。

没有重点的思考，等于毫无主攻目标的进攻，辛苦一场，到头来却什么也得不到。

其实正确的思维方法包含了两项基础。第一，必须把事实和纯粹的资料分开。第二，事实必须分成两种，即重要的和不重要的，或是有关系的和没有关系的。

在达到你的主要目标的过程中，你所能使用的所有事实都是重要而有密切关系的，而那些不重要的则往往对整件事情的发展影响不大。

那些有成就的人都已经培养出一种习惯，就是找出并设法控制那些最能影响他们工作的重要因素。这样一来，他们也许比起一般人来会工作得更为轻松愉快。由于他们已经懂得秘诀，知道如何从不重要的事实中抽出重要的事实，这样，他们等于已为自己的杠杆找到了一个恰当的支点，只要用小指头轻轻一拨，就能移动原先即使以整个身体的重量也无法移动的沉重的工作分量。

卡尔森就是一个具有重点思维习惯的人。他 1968 年加入温雷索尔旅游公司从事市场调研工作，3 年以后，北欧航联出资买下了这家公司，卡尔森先后担任了市场调研部主管和公司部经理。由于他熟悉业务，并且善于解决经营中的主要问题，因此这家旅游机构发展成瑞典第一流的旅游公司。

卡尔森的经营才能得到北欧航联的高度重视，他们决定对卡尔森进一步委以重任。航联下属的瑞典国内民航公司购置了一批喷气式客机，由于经营不善，连年亏损，到最后连购机款也偿还不起了。1978 年，卡尔森调任该公司的总经理。担任新职的卡尔森充分发挥了擅长重点思维的才干，他上任不久，就抓住了公司经营中的问题症结：国内民航公司所定的收费标准不合理，早晚高峰时间的票价和中午空闲时间的票价一样。卡尔森将正午班机的票价削减一半以上，以吸引去瑞典湖区、山区的滑雪者和登山野营者。此举一出，很快就吸引了大批旅客，载客量猛增。卡尔森任总经理后的第一年，国内民航公司即扭亏为盈，并获得了丰厚利润。

卡尔森认为，如果停止使用那些大而无用的飞机，公司的客运量还会有进一步的增长。一般旅客都希望乘坐直达班机，但庞大的“空中巴士”无法满足他们的这一愿望，尽管Ⅸ -9 客机座位较少，但如果让它们从斯堪的纳维亚的城市直飞伦敦或巴黎，就能赚钱。但是原来安排的是 DC -9 客机，一般到了哥本哈根客运中心就停飞，旅客只好去转乘巨型“空中客车”。卡尔森把这些“空中客车”撤出航线，仅供包租之用，辟设了奥斯陆—巴黎之类的直达航线。

与此同时，卡尔森的另一举措也充分显示了他的重点思维能力，这就是“翻新旧机”。

当时市场上的那些新型飞机引不起卡尔森的兴趣，他说，就乘客的舒适程度而言，从 DC -9 客机问世之日起，客机在这方面并无多大的改进。他敦促客机制造厂改革机舱的布局，腾出空间来加宽过道，使旅客可以随身携带更多的小件行李。卡尔森不会想不到他手下的飞机已使用达14年之久，但是他声称，秘诀在于让旅客觉得客机是新的。北欧航联拿出1500万美元更换内部设施，让班机服务人员换上时尚新装。国内民航公司靠着那些焕然一新的DC－9客机，招徕了越来越多的旅客，当然，滚滚财源也随之而来。

从重点问题突破，是成大事者的思维习惯之一。我们也要养成正确的思维方法——进行重点思维。

很多人本来可以有所作为，但思考问题时却习惯于眉毛胡子一把抓，把精力白白浪费掉了。所以我们一定要养成重点思维的习惯，这样才能提高效率，更好地处理各种问题。

拓展你的创新思维

千百年来，人类正是凭借着创新思维在不断地认识世界、改造世界。创新思维给人类前进和创造财富带来了原动力。从这个意义上说，人类所创造的一切成果，都是创新思维的物化。

每个人都具有正常的思维能力和思维形式，但一般的思维不一定能有所创造。创新思维与一般思维尤其是逻辑思维大不相同。创新思维指的是开拓、认识新领域的一种思维，简单地说，创新思维就是指有创见的思维，是人们在已有经验的基础上，从某些事实中找出新点子，寻求新答案的思维。

创新思维是潜伏在你头脑中的金矿，它绝不是什么天才之类的独特力量和神秘天赋。运用创新思维，可以顺利解决大到宏伟计划，小到日常纠纷中的难题。

一个人从小学到大学接受的基本上是逻辑思维。逻辑思维是在现有知识、经验之内的思维活动，虽然有时候它可以促使一些发现、发明，但是，它们一般都拘泥于已学过的知识，只是在某个范围内按照已知的规律进行判断和推理，从中得出一些结论。

而创新思维与逻辑思维相比，不同点主要在于它具有新颖性、独创性及突破逻辑思维的严谨性。创新思维在很大程度上是以直观、猜测和想象为基础而进行的一种思维活动，光凭逻辑思维是不能使一个人产生新思想的。有人说："对科学行动与积累进行逻辑分析实在是科学发展的一大障碍；科学家越推崇逻辑，他们推理的科学价值就越低，这样说是绝对不过分的。逻辑学所关心的是正确性与确实性，与创新思维完全无关。"这些论述虽有一些局限性，但却进一步说明创新思维与逻辑思维是不同的。

创新思维，既超越，又超前，比别人先看到，比别人先走到前面去，如“小超人”李泽楷的大创意——用“数码港”的概念来包装房地产，给房地产注入高科技的色彩，使他能够创造出房地产业的神话。当香港八大地产商在指责李泽楷独占了这等好事的同时，有没有想到为什么自己不早点有这样绝妙的构思呢？李泽楷就是一个创新思维很强的人，他勤于思考公司的发展前景，能在别人之前想到过人的主意。如果等到别人都想到了，那么就不可能先人一步、抢占先机了，创新思维的“新”也就无从谈起了。

一个有独到眼光、独立头脑的人，一个不随大流、不人云亦云的人，一个敢于批判、敢于说“不”的人，一个大胆创新、超前思维的人，是最受机遇女神青睐的人。

日本大阪的富豪鸿池善右是日本大财阀之一，然而当初他不过是个东走西串的小商贩。

有一天，鸿池与他的佣人发生摩擦。佣人一气之下将火炉中的灰抛入浊酒桶里（德川末期日本酒都是混浊的，还没有今天市面上所卖的清酒），然后慌张地逃跑。

第二天，鸿池查看酒时，惊讶地发现，桶底有一层沉淀物，上面的酒竟异常清澈。尝一尝，味道相当不错，真是不可思议！后来他经过不懈地研究，认识到石灰有过滤浊酒的作用。

经过十几年的钻研，鸿池制成了清酒，这是他成为大富翁的开端，而鸿池的那个佣人永远不可能知道：是他给了鸿池致富的机会。

只要善于观察，勤于思考，就会发现身边其实有很多机会。

住在纽约郊外的扎克，是一个碌碌无为的公务员，他唯一的爱好便是滑冰。

纽约的近郊，冬天到处会结冰。冬天一到，他一有空就到那里滑冰自娱，然而夏天就没有办法，他只好去室内冰场滑个痛快。去室内冰场是需要钱的，在纽约，一个公务员收入有限，不便常去，但待在家里也不是办法，他深感日子难受。

有一天，他百无聊赖时，一个灵感涌上来：鞋子下面安装上轮子，就可以代替冰鞋了，普通的路就可以当作冰场。

几个月之后，他跟人合作开了一家制造滑冰鞋的小工厂，做梦也想不到的是，产品一问世，立即就成为世界级的商品。没几年工夫，他就赚进100多万美元。

兰德为了满足他女儿的要求，同时也是为了他的理想，向有摄影经验的人请教，询问是否有一种办法，可以在拍完照之后立刻看到照片，他锲而不舍地探求着。

最后，他经过不断地研究、试验，终于完成了，这种相机的作用完全依照女儿的希望，因而，兰德企业就此诞生了。如果兰德依照他人的想法，绝不会发明出同时显影的照相机，他打破了他人的常规思维，开辟出了自己的新路子，走上了成功之路。

任何一个有创造成就的人，都是战胜常规思维的高手，他们不被过去的思维所困扰，能突破常规思维的束缚，取得创新硕果。

要勇于提出问题，这是一种可贵的探索求知精神，也是创造的萌芽。创造的机制是：由于知识的继承性，在每个人的头脑里都容易形成一个比较固定的概念世界，而当某些经验与这一概念世界发生冲突时，惊奇就开始产生，问题也开始出现。而人们摆脱“惊奇”和消除疑问的愿望，便构成了创新的最初冲动，因此“提出问题”是创新的重要前提。

如何保持思维创新，直接关系到一个人的事业成败，因为只有创新才能激活自己全身的能量，自己才能更好地投入到事业中。谁有创新思维，谁就会成为赢家；谁要拒绝创新，谁就会平庸！这就是说，一个有着创新思维习惯的人，绝对拥有闪亮的人生！

如果你想成功，一定要养成创新思维的习惯，因为它是成大事的催化剂。

第四章

你的所作所为：格局指引行动

想到更要做到

比尔·盖茨中学毕业的时候，父母对他说："哈佛大学是美国高等学府中历史最悠久的大学之一，是一个充满魅力的地方，是成功、权力、影响、伟大等的象征和集中体现。你必须读一所大学，而哈佛是最好的，它对你的一生都会有好处。"

盖茨听从了父母的劝告，进了美国最著名的哈佛大学。当时他报的专业是法律专业，但他其实并不想继承父业去当一名律师。

盖茨在哈佛既读本科又读研究生课程，但他真正的兴趣依然在电脑上。这时，他在心里萌生了一个念头——退学。他曾同朋友分析当今的形势时说："电脑很快就会像电视机一样进入千家万户，而这些不计其数的电脑都会需要软件，如果我现在开始做，无疑会成为领先的起跑者，最后的胜利肯定是属于我的，我一定要创办自己的软件公司。"

这时候的盖茨已经有了自己的明确想法，并有了明确的计划和打算。终于，他在大学二年级的时候，向父母亲说了他一直想说的话："我要退学！"

他的父母亲听了非常吃惊，但他们无法说服盖茨改变主意。于是，他们请了一位受人尊敬的商业界领袖去说服盖茨。

盖茨在同这位商业巨头会面的过程中，滔滔不绝地向他讲述自己的梦想、希望和正在着手做的一切。他审时度势的分析，让这位商业巨头不知不觉地被感染了，仿佛又回到了当年自己白手起家的创业时代。他忘记了自己的使命，反而鼓励盖茨：“你已经看到了一个新纪元的开始，而且正在开创一个伟大的时刻。好好干吧，小伙子。”

父母无奈，只得同意了盖茨的要求。从此，盖茨一心一意地投身于自己的电脑软件领域中，在创业的路上，他真的梦想成真了，开创了世界瞩目的业绩。

实现梦想的关键是能否果断地采取行动，行动才是最强大的力量。梦想是不能等待的，尤其不能以实现另外一个条件为前提。很多人正是因为陷入了要做这个就必须先做那个的定式思维，最后一辈子在原地转圈。

我们在做某一件事情时，可能会遭到很多人的反对，甚至有人在后面泼冷水、说风凉话，这时候，很多人就会因此放慢自己前进的脚步，进而怀疑自己行动的价值，最后是什么也做不成。而有的人不在乎他人的想法，只凭借自己充分的自信和不服输的意志，取得了成功。

澳大利亚有一位年轻人，家族世代以养羊为生。到了他这代，经过努力，羊群数量逐年递增，已经发展到10万只的规模。为此，年轻人感到十分自豪，但又有些困惑，因为，尽管他一再努力，羊群的数量却只维持在10万只上下，不再增长。

有一天，他的爷爷来到他放牧的农场。见爷爷来了，年轻人便用手指着漫山遍野的羊群，很有成就感地告诉爷爷自己的功劳。

哪知爷爷一脸不屑地说：“我也一样。”

年轻人大为不解，正要细问缘故，爷爷却一声不吭地走了。年轻人不明白爷爷所说的那句话到底是什么意思。

暮色降临，四散的羊群逐渐安静下来。淡淡的月光下，他望着一望无际的羊群若有所思。因为最近一段时间，每当夜幕降临时，年轻人总能听见羊群发出的哀号。第二天，至少有50只羊被咬死，被咬死的羊羔数量更多。他想这一定是狼干的坏事，但狼的胃口似乎没这么好。

一天，一位动物学家经过牧场，年轻人求教于这位专家，才知道事情真相。原来，在澳大利亚境内有一种野狗，是澳大利亚的头号食肉兽，整个澳大利亚约有100万只，正是这种动物的存在，才使他的羊群数量不再递增。年轻人忽然想起爷爷说过的“我也一样”的话，原来，早在爷爷放牧的时候，就存在这种情况，只不过，谁也没有办法解决而已。

既然问题已经找到，能不能彻底解决呢？年轻人决心在全澳大利亚建一道防护墙。但年轻人的想法遭到了家人的极力反对，修建围墙，不但耗资巨大，而且极难维护。但他还是决定把自己的想法付诸行动。

刚开始，年轻人一个人在自家的牧场周围用铁丝网筑起了一道防护墙，后来，他就沿着自家牧场往四周扩展，防护墙一点点延伸着。他的这种做法感染了周围的其他人，于是，越来越多的人加入了筑墙的行列，以至于政府也开始关心和资助由他发起的这项筑墙运动。

一年以后，一道从南澳大利亚大海湾向东延伸，经新南威尔士，穿过昆士兰东部，抵达太平洋沿岸的高1.8米，下部由小眼铁丝网、上部由菱形铁丝网、顶部由带刺铁丝构成的世界上最长的防护墙建成了。它像一条河在澳洲大陆上蜿蜒，穿过沙丘、石头山、茂密的灌木丛和荒芜的平原，保护着越来越多的羊群，澳大利亚的羊群数量猛增。

许多年过后，这道防护墙已经成为澳大利亚人为之自豪的一处旅游景点，前来旅游的人们称它为爱心围墙。

好的想法是成功的一半。一样的环境，一样的问题，就因为年轻人想法与祖辈不一样，并且付诸了切实的行动，问题才得以解决。在生活和工作中，只要有了正确的想法，就要以坚定的信念付诸行动，这样才能取得最后的成功。

克服依赖，独立行动

生活中，免不了需要别人的帮助和支持，使自己顺利地完成一些事情。但是大部分事情还是需要自己独立地去应对和处理的。如果总是想着依赖别人，那么就会让自己变得懒惰、变得消极，凡事不肯自己动脑和动手，使自己的能力渐渐退化。

每个人身上或多或少都会存在一些依赖思想和侥幸心理，但是有的人能够努力要求自己，尽力独立完成事情；而有的人却形成心理依赖，凡事不肯自己动手，总是希望得到帮助，只要稍稍遇到困难，就会求助于他人。但是没有人永远会帮助你，当需要自己面对困难的时候，前者可以凭借自己的力量把事情处理好，而后者则会不知所措，把事情越做越糟。

因此，不要总是拿“在家靠父母，出门靠朋友”的借口来纵容自己，这样不仅不能独立成长、自强不息，而且会使自己的远大理想化为泡影，最终一事无成。

小蜗牛觉得自己身上背着一个重重的壳，给自己带来很多的不方便，于是它不解地问妈妈：“妈妈，为什么我们从生下来就要背负这个又硬又重的壳呢？”

蜗牛妈妈拍拍孩子的头说：“因为我们的身体没有骨骼的支撑，只能爬，又爬不快，所以需要这个壳来保护自己啊。”

小蜗牛又问：“毛虫姐姐没有骨头，也爬不快，为什么她

◇ 人要克服依赖性 ◇

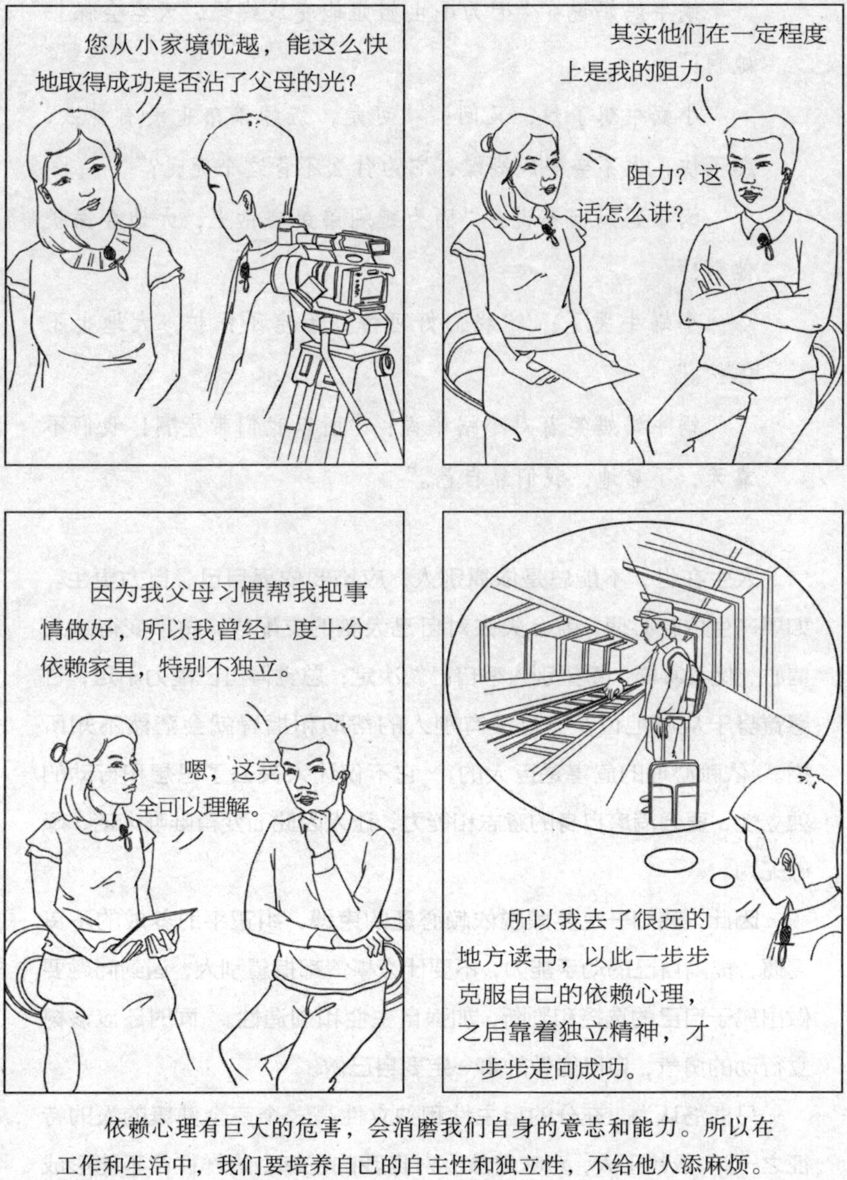

依赖心理有巨大的危害，会消磨我们自身的意志和能力。所以在工作和生活中，我们要培养自己的自主性和独立性，不给他人添麻烦。

不用背这个壳呢?”

蜗牛妈妈说:“因为毛虫姐姐能变成蝴蝶,天空会保护她啊!”

小蜗牛想了想,又问:“可是,蚯蚓弟弟也没有骨头,爬不快,也不会变成蝴蝶,它为什么不背这个壳呢?”

蜗牛妈妈回答说:“因为蚯蚓弟弟会钻土,大地会保护他啊!”

小蜗牛哭了:“我们好可怜,天空不保护,大地也不保护。”

蜗牛妈妈笑着对小蜗牛说:“所以我们带壳啊!我们不靠天,不靠地,我们靠自己。”

人生在世,不能总是依靠别人,应该要依靠自己、自力更生。如果产生依赖心理,就会失去对自己大脑的支配权,做事变得缺乏信心、优柔寡断,希望别人替自己做决定;总觉得自己能力不足,甘愿置身于从属地位,一旦没有别人的帮助和指导就会茫然不知所措。依赖心理的危害是巨大的。它不仅让人失去了思想和行动的独立性,更会消磨自身的意志和能力,让人因此而变得唯唯诺诺、碌碌无为。

因此,我们一定要摆脱依赖心理的束缚,纠正平时养成的不良习惯,提高自己的动手能力,不要什么事情都指望别人,遇到问题要做出属于自己的选择和判断,加强自主性和创造性。同时还应该树立行动的勇气,自己能做的事一定要自己做。

马斯洛认为,充分的自主性和独立性是一个完全健康的人的特征之一。依赖别人,意味着放弃对自我的主宰,这样往往不能形成自己独立的人格，容易失去自我。遇到问题时，自己不积极动脑筋，往往人云亦云，没有自信心，不相信自己，容易产生从众心理。

克服依赖，并不是一件非常难的事情。自己并没有比别人少条腿，别人能够做成的事，自己也一定能够做成。

(1)充分认识依赖心理的危害

纠正平时养成的习惯，提高自己的动手能力，多向独立性强的人学习，遇到问题要做出属于自己的选择和判断，加强自主性和创造力。

(2)要愉快地接纳自己

生活中每个人都有优点，也都有弱点。有的人发现了自己的弱点，就当成包袱背起来，连自己的优点与长处也看不到。于是，自己的精神被自身的弱点压垮；自身潜在的能力与智慧被自身的弱点湮灭。从而，自己为自己设置了障碍。事实上，许多事情别人能做到，自己也一定能做到，关键在于应该充分、准确、客观地认识自己。要做到这一点，则必须先在心中接纳自己。

(3)增强自信心

自信心是对自身潜能的肯定，是追求事业成功过程中的一种良好的心理素质。只要坚信“我能行”，就会有不竭的动力充实着自己的头脑并改造自己的人生。

(4)培养独立的人格

每个人都需要他人的帮助，但是接受他人的帮助也必须发挥自己的主观能动性。对大事可征求他人的意见，但必须把握一点，他人的意见仅供参考。一旦从对他人的依赖关系中解脱出来，自己就会有一种踏实的感觉。你会感受到自信的力量，享受自主、自立给自己带来的好处。

一分耕耘一分收获

在这个具有严格的优胜劣汰法则的社会中，不勤者终将会被淘汰出局。要知道智慧是在勤劳的前提下拥有的。正如古人言，勤者勤而成其智，逸者逸而就其庸。

熟悉李嘉诚白手起家的人都知道，在李嘉诚的骨子里，有着一种愚公移山的精神。

李嘉诚的成功并非偶然，从最初的勤奋到后来的孜孜不倦，李嘉诚能够将长实集团带到世界商场中完全在于他的勤。对于李嘉诚的勤奋，上天并非睁一只眼闭一只眼，这正好印证了一句老话：天道必定酬勤！

作为一位年轻人，对于成功，非勤劳者无可及也。在这种过程中，聪敏固然重要，但勤与不勤却是决定事业成败的关键。应知学问难，在乎点滴；驽马之十驾，之所以胜骐骥之一跃，此在于勤；流水之所以不腐，户枢之所以不蠹，此亦在于勤。好逸恶劳者必将失败，这是颠扑不破的真理。

古之圣人便有“业精于勤而荒于嬉”之训，从另一个角度来看：历史和未来，都是属于勤劳者的，而那些逸豫者却只能站在失败的阴影中，孤独地叹息。

现在，我们不妨看一看李嘉诚创业初期的经历：

> 每天一大清早，李嘉诚就外出推销或采购。赶到办事的地方，别人正好上班。他不打的，距离远就乘公共巴士，路途近就双脚行走。中午时，李嘉诚急如星火赶回工厂，先检

查工人上午的工作，然后跟工人一道吃简单的工作餐。如果没有餐桌，李嘉诚和大家一样蹲在地上吃。

李嘉诚身为老板，同时又是操作工、技师、设计师、推销员、采购员、出纳员、会计师，创业初期，什么事都是他一手操持。

长江塑胶厂第一批招聘的工人，全是门外汉，过半还是从田间洗脚上岸的农民。唯一的塑胶师傅是老板李嘉诚。机器安装、调试，直到出产品，都是李嘉诚手把手带领工人一道完成的。

晚上，李嘉诚仍有做不完的事，他需做账，要记录推销的情况，规划产品市场区域，还要设计新产品的模型图，安排第二天的生产。

此外，李嘉诚还从不间断业余自学。塑胶业的发展日新月异，新原料、新设备、新制品、新款式源源不断地被开发出来。李嘉诚犹如海绵吸水，总觉得时间不够用。

李嘉诚事必躬亲，节省了许多不必要的开支，同时对全厂每一个环节的情况都了如指掌，便于管理。此外，身为老板的李嘉诚这般拼命，给员工起到率先垂范的榜样作用。

这是非常时期十分有效的方式。随着第一批产品顺利地销出去，一批又一批订单纷至沓来，生产规模随之扩大。

千里之行，始于足下。李嘉诚脚踏实地，不动声色地去实现他的抱负。

正如香港《星岛经济纵横》所说："李嘉诚发迹的经过，其实是一个典型青年奋斗成功的励志式故事。一个年轻小伙子，赤手空拳，凭着一股干劲，勤俭好学，刻苦耐劳，创立了自己的事业王国。他常言，追求理想是驱使人不断努力的最主要因素。”

李嘉诚之所以能够取得如此巨大的成功，完全在于他的勤奋。不懂的东西通过勤奋他懂了，不会做的东西通过勤奋他会了。正所谓勤能补拙，如果说李嘉诚是一只“笨鸟”的话，那么他就是通过勤奋让自己先飞了起来。

实际上，勤奋可以反复地刺激人类的脑细胞，并通过这种频繁的刺激把获取的信息储存起来，以便在需要的时候可以及时提取出来。 而且勤奋还可以提高头脑的灵活性，使人变得更加聪慧灵敏。一些天资较差的人，可以通过勤奋和努力化拙为巧、变拙为灵。

我国著名戏曲表演艺术家梅兰芳曾说过：“我是个笨拙的学艺者，没有充分的天才，全凭苦学。”其实他说得一点不假。

梅兰芳年轻的时候去拜师学戏，师傅说他长着一双死鱼眼睛，灰暗、呆滞，根本不是学戏的料，不肯收留他。然而，天资欠缺不但没有使梅兰芳灰心、气馁，反而促使他变得更加勤奋了。他喂鸽子，每天仰望着天空，双眼紧跟着飞翔的鸽子，穷追不舍；他养金鱼，每天俯视水底，双眼紧跟着遨游的金鱼，寻踪觅影。经过多年的不懈努力，梅兰芳的眼睛终于变得如一汪清澈的秋水，熠熠生辉，脉脉含情。

生活中，并非只有名人的事例才能表现“勤能补拙是良训”这句话所蕴含的道理，如果你试着观察一下自己身边的人，就会发现他们与那些名人一样，同样具有勤奋的精神。多少次，当你沉浸于玩乐时，他们都在默默地努力着；多少次，当你和朋友闲聊时，他们在静静地思考着。

其实一个人的成就有多大，不光要看他所获得的荣誉和知名度，而要着重了解他在成功之前究竟流了多少汗、克服了多少困难、花费了多少心血，准确地说，就是看他到底有多勤奋。

俗话说，一分耕耘一分收获，成功是靠努力得来的。只有努力了才会有回报，那些想要不劳而获的人，到头来只会是一无所获，沦为笑柄。生意场上更是如此，没有哪一个老板不经过努力就建造了自己的事业大厦，更没有哪一个老板是没有付出辛勤的劳动就拥有了一切的。

古人有云："吃得苦中苦，方为人上人。"想要有所作为，想要实现自己的人生目标，不付出努力是不可能的。你只要乐观地面对每一个困难，勇敢地跨过人生的每一道坎儿，就会看到胜利的曙光。

事业同样需要耕耘，想要把自己的事业做大做强，就需要不断去耕耘。事实上，世界著名的大企业家们，有绝大部分都做过推销员之类的艰苦工作。也正是这些工作的磨炼，才造就了他们的成就。

松下幸之助小的时候，家里很穷，为了缓解父母的压力，矮小瘦弱的他想到一家电器工厂谋求一份工作。来到了人事部长的面前，部长看着衣着肮脏、又瘦又小的他，冷冷地说了一句："目前我们不缺人，你一个月后再来看看吧。"

听到部长的话，松下幸之助只好起身告辞。在很多人眼中，部长的话基本上已经宣判了求职者的"死刑"。没有想到的是，一个月后，松下幸之助又来了。无奈的部长又借说有事，要他隔几天再来。谁知，几天后松下幸之助又来了。

反复几次之后，这位部长终于说出了拒绝的真正理由：“你这样脏兮兮的，是进不了我们工厂的。”

虽然部长的意思很明确，但松下幸之助毫不气馁，回去借了些钱，买了一套整齐的衣服，穿戴整齐之后又一次来到了部长的面前。不过这一次，部长又想出了一个拒绝他的理由：“关于电器方面的知识你知道得太少了，我们还是不能要你。”其实，部长这时候已经是在有意考察松下幸之助了。

两个月后，松下幸之助再次走进了部长的办公室。他说：“现在我已经学了不少有关电器方面的知识了。您看我哪方面还有差距，我可以用时间来一项项弥补。”

部长盯着松下幸之助半天，异常感慨地说：“说实话，我干这行几十年了，你这样来找工作的我是第一次见到，你的坚韧和耐心让我感到吃惊。”

终于，松下幸之助的执着为自己赢得了工作。后来，部长和他的好朋友聊天的时候无意间谈起了这件事，部长感慨道：“松下幸之助有这种不屈不挠的执着精神，恐怕将来要飞黄腾达了！”

果然，在以后的岁月中，松下幸之助应验了那位部长的预言，他逐渐开创了自己的事业，还成为松下电器公司的总裁，更被日本人誉为“经营之神”。

“不经历风雨，怎么见彩虹？ 没有人能随随便便成功”，就像歌词里说的那样，只有努力了，你才会看到成功。 只有拼搏了，你才会更有勇气去争取胜利。

解决问题要抓本质

秦穆公对伯乐说：“您的年纪大了，您的子侄中间有没有可以派去寻找好马的呢？”

伯乐回答说：“我的子侄们都是些才智低下的人，可以告诉他们识别一般的良马的方法，不能告诉他们识别天下难得的好马的方法。有个曾经和我一起拿着扁担挑绳打柴的人叫九方皋，他观察识别天下难得的好马的本领决不在我之下，请您接见他。”

秦穆公接见了九方皋，派他去寻找好马。过了三个月，九方皋回来报告说：“我已经在沙丘找到好马了。”秦穆公问道：“是匹什么样的马呢？”九方皋回答说：“是匹黄色的母马。”秦穆公派人去把那匹马牵来，一看，却是匹纯黑色的公马。秦穆公很不高兴，把伯乐找来对他说：“坏了！您所推荐的那个找好马的人，连马的毛色和公母都不知道，他怎么能懂得什么马好呢？”

伯乐长叹了一声，说道：“九方皋相马竟然达到了这样的境界吗？这正是他胜过我千万倍乃至无数倍的地方！九方皋他所观察的是马的天赋的内在素质，深得它的精妙，而忘记了它的粗糙之处，明悉它的内部，而忘记了它的外表。九方皋只看见所需要看见的，看不见他所不需要看见的，只视察他所需要视察的，而遗漏了他所不需要观察的。像九方皋这样相马，包含着比相马本身价值更高的道理啊！”

等到把那匹马牵回驯养使用，事实证明，它果然是一匹天下难得的好马。

从上述故事可以看到，九方皋识马的方法非同寻常。他的高明之处，就在于同伯乐一样，懂得看事物要抓住本质。他相马时，忽略了牝牡骊黄的差别，不把观察力放在马的性别、色泽上，而主要抓住了形状、骨架等方面的本质特征。可以说九方皋观察事物的方法是注意了事物内在的本质。抓住了事物的本质这一矛盾的主要方面，不妨忽略其肤浅的表象，这正是九方皋相马有术之所在。当然这并不是提倡在实际观察事物的过程中，只注意矛盾的主要方面，而忽略次要方面。这里所要强调的是认识和掌握事物时，要抓住本质。

那么，当遇到事情时，我们能否有全局性的眼光，去寻求从根本上解决问题的办法，一下子抓住关键点呢。我们先来看一个小故事：

一天，动物园管理员发现袋鼠从笼子里跑出来了，于是开会讨论，一致认为是笼子的高度过低。所以他们决定将笼子的高度由原来的10米加高到20米。结果第二天他们发现袋鼠还是能跑到外面来，他们又决定再将高度加高到30米，没想到隔天居然又看到袋鼠全跑到了外面。于是管理员们大为紧张，决定一不做二不休，将笼子的高度加高到100米。一天，长颈鹿和几只袋鼠在闲聊。长颈鹿问："你们看，这些人会不会再继续加高你们的笼子?""很难说，"袋鼠说，"如果他们再继续忘记关门的话！"

凡事有本末、轻重、缓急，关门是本，加高笼子是末，舍本而逐末，当然就不得要领了。

从以上诸例不难看出，人们在认识和解决问题过程中，抓住本质是至关重要的。抓住了本质就是抓住了事物的要害，再难再复杂的问题也就迎刃而解了。如果眉毛胡子一把抓，必然不得要领，其结果也就可想而知了。

第五章

你的创新能力：格局改变思路

寻找解决问题的新角度

成大事者在遇到难题时善于换位思考，即从另外一个角度重新审视自己和环境，以便找到新的人生机遇和突破点。这就是说，换位思考是成功者的手段之一。

很多人不敢创新，或者说不愿意创新，是因为他们头脑中关于得失、是非、安全、冒险等价值判断的标准已经固定，这使他们常常不能换一个角度想问题。

著名的化学家罗勃·梭特曼发现了带离子的糖分子对离子进入人体是很重要的。他想了很多方法以求证明，都没有成功。直到有一天，他突然想起不从无机化学的观点，而从有机化学的观点来看这个问题，才得以成功。

当然，作为在平凡生活中追求财富和梦想的普通人，以换一个角度想问题的方法所取得的成效，也不亚于科学家们的新发现。

麦克是一家大公司的高级主管，他面临一个两难的境地。一方面，他非常喜欢自己的工作，也很喜欢跟随工作而来的丰厚薪水——他的位置使他的薪水有只增不减的特点。

但是，另一方面，他非常讨厌他的主管，经过多年的忍受，最近他发觉已经到了忍无可忍的地步了。在经过慎重思考之后，他决定去猎头公司重新谋一个别的公司的职位。猎头公司告诉他，以他的条件，再找一个类似的职位并不费劲。

回到家中，麦克把这一切告诉了他的妻子。他的妻子是一个教师，那天刚刚教学生如何重新界定问题，也就是把你正在面对的问题换一个角度考虑，把正在面对的问题完全颠倒过来看，不仅要跟你以往看这问题的角度不同，也要和其他人看这问题的角度不同。她把上课的内容讲给了麦克听，这给了麦克以启发，一个大胆的创意在他脑中浮现。

第二天，他又来到猎头公司，这次他是请公司替他的主管找工作。不久，他的主管接到了猎头公司打来的电话，请他去别的公司高就。尽管他完全不知道这是他的下属和猎头公司共同努力的结果，但正好这位主管对于自己现在的工作也厌倦了，没有考虑多久，他就接受了这份新工作。

这件事最美妙的地方，就在于主管接受了新的工作，结果他目前的位置就空出来了。麦克申请了这个位置，于是他就坐上了以前他主管的位置。

这是一个真实的故事，在这个故事中，麦克本意是想为自己找份新的工作，以躲开令自己讨厌的主管。但他的太太教他换一个角度想问题，就是替他的主管而不是他自己找一份新的工作，结果，他不仅仍然干着自己喜欢的工作，而且摆脱了令自己烦恼的主管，还得到了意外的升迁。

一些专家在研究汽车的安全系统如何避免乘客在撞车时受到伤害，最终也是得益于换一个角度解决问题。他们想要解决的问题是，在汽车发生冲撞时，如何防止乘客在汽车内移动而受伤——这种伤害常常是致命的。在种种尝试均告失败后，他们想到了一个有创意的解决方法，就是不再去想如何将乘客绑在车上不动，则是去想如何设计车子的内部，最大限度地减少人在车祸发生时受到伤害。结果，他们不仅成功地解决了问题，而且开启了汽车设计的新时尚。

在现实的生活中，当人们解决问题时，时常会遇到瓶颈，那是由人们只在同一角度停留造成的，如果能换一换视角，也就是我们一直在说的换一个角度考虑问题，情况就会改观，创意就会变得有弹性。记住，任何创意只要能转换视角，就会有新意产生。

遇到难以解决的问题，与其死盯住不放，不如把问题转换一下，化难为易，达到解决问题的目的。聪明人可以把复杂问题简单化，不聪明的人往往把简单的问题复杂化。事实上，解决复杂问题时能够化繁为简，就体现了一种新的视角。“曹冲称象”中，曹冲之所以能够把称大象这么一个复杂而困难的问题变得简单易行，关键是他把“称大象”变成了“称石头”。

我们还可以把自己生疏的问题转换成熟悉的问题，从而打开一个新视角，产生一条新思路。

19 世纪末，法国园艺学家莫尼哀要设计一种坚固的花坛，然而，他对建筑结构和建筑材料一窍不通。于是他把花坛的构建转换成植物的根系来作为切入点。植物根系盘根错节，牢牢地和土壤结合在一起。他把土壤转换为水泥，把根系转换为一根一根的钢筋，并用水泥包住钢筋，从而建造出了新型的花坛，而且发明了钢筋混凝土。

把不能办的事转化为能办的事，我们就多了一种观察和解决问题的新视角。其实寻求解决问题的新角度可以有很多的方法，比如：可以思考让产生问题的条件发生改变。也就是思考如何通过改变事物存在与发展的决定条件，使其随之发生适应某个问题的某种变化，从而获得解决问题的办法或启示。例如，过去用的冰箱都是冷冻室在上面，冷藏室在下面。日本夏普公司进行了换位思考，发现用户对冷藏室用得较多，还是放在上面方便，于是设计时换了个位置。但由于冷空气往下沉的特性，改变设计后冷冻室的低温不能很好地利用，比较费电。但研究者想，想办法让冷空气往上走，问题不就解决了吗？于是，在冰箱内安上排风扇和通风管，把下面的冷空气提升到上面的冷藏室。经过条件转换思考，新型电冰箱既使用方便，又保留了原来省电的优点，受到了用户的欢迎。

日本一家庭主妇煎鱼时发现鱼肉总是粘锅，煎好的鱼铲起来很费事，而且鱼也容易碎掉。她想到了改变加热位置，在锅盖上安装电阻丝，发明了煎鱼不煳的锅。

一个小村镇内只有两家理发店，甲店很脏，地上都是头发，乙店很干净，地上不见头发。在这种情况下，某人换位思考，仍然去了甲店理发，他的理由是地上头发多的理发店，理发师头发剪得好。

另外，寻求解决问题的全新视角，也是解决问题行之有效的好办法。这就需要你努力从众多的新角度去思考某一事物或问题，以便获得更多的新认识，提出更多的解决问题的新办法。

美国密歇根州詹姆斯敦小学的一位老师曾让每个学生都给当地企业写封信，提个尽可能荒谬的要求。于是小学生凯特写信给当地的一家快餐连锁店说，她希望能终身吃炸鸡，因为这是她的最爱。结果这家快餐店竟答应了凯特的要求，因为连锁店老板觉得凯特把这家店的食品当作自己的最爱是他们的荣幸。从凯特的视角看来是荒谬的要求，店老板却从另一个视角，将之看作是对他们食品的钟爱。

寻找解决问题的新角度本身就是一种创新，一种改变。所谓“退一步海阔天空”，很多时候就是这么看似不起眼的一步，就可能令局面大为改观，让我们看到“柳暗花明”的一片新天地。

撞了南墙及时回头

许多人之所以找不到正确的方向，是因为坚持一条道走到底。其实生命并非只有一处灿烂辉煌，撞了墙时及时回头，也许你能看到另一番灿烂的景象。

生活中我们常常一方面抱怨人生的路越走越窄，看不到成功的希望；另一方面又因循守旧、不思改变，习惯在老路上继续走下去。

美国康奈尔大学威克教授做过这样一个实验：拿一只敞口玻璃瓶，瓶底朝光亮一方，放进一只蜜蜂，蜜蜂在瓶中反复朝有光亮的方向飞，它左冲右突，努力了好多次，都没有飞出瓶子，可它就是不肯改变突围的方向，仍旧按原来的方向去冲撞瓶壁。最后，它耗尽了气力，气息奄奄了。

然后，教授又放进了一只苍蝇，苍蝇也朝有光亮的方向飞，突围失败后，又朝各个不同方向尝试，结果终于从瓶口飞走了。

这个实验充分说明了：采取不同的策略和思维，就会带来不一样的结果。成功在于变换思维，世界上没有不犯错误、不经历失败的人，重要的是一条路走不通的时候，要赶紧转过身去寻找另一条出路。有时候在困境面前，改变一下思路，一切就峰回路转、柳暗花明了。很多成功者的事例都证实了这一点。

蒲松龄，清初山东人，由于当时科举制度不严谨，科场中贿赂盛行，舞弊成风，他四次参加考取举人都落第了。蒲松龄志存高远，没有因为落第而悲观失望，相反，他另辟新

◇ 做人要学会变通 ◇

世事复杂，时局多变。人在任何情况下都要有灵活的思维方式，要懂得变通，也要勇于变通。做人做事都不能死板，遇到问题时要具体问题具体分析，摒弃自己固有的观念。

路，放弃从官之路，立志要写一部“孤愤之书”。他在压纸的铜尺上镌刻一副对联，联云：

“有志者，事竟成，破釜沉舟，百二秦关终属楚；苦心人，天不负，卧薪尝胆，三千越甲可吞吴。”

蒲松龄以此自勉。后来，他终于写成了一部文学巨著——《聊斋志异》，成了千古流芳的文学家。

蒲松龄虽然落第，与仕途无缘，但他找到了成就自己的另一条道路，在这条新开辟的道路上，他取得了成功，也为后人留下了宝贵的精神财富。像他这样的例子在历史上还有很多。

在中国被称为“东亚病夫”的黑暗年代，鲁迅抱着医学救国的热情东渡日本留学。当他从电影中看到中国人被日寇砍头示众、周围却挤满了看到同胞被害而麻木不仁的人群的情景后，内心受到极大的震动，他觉得“凡是愚弱的国民，即使体格如何健全，如何茁壮，也只能做毫无意义的示众材料和看客，病死多少也不必以为不幸的”。他毅然弃医从文，立志用手中的笔来唤醒沉睡的中国民众的灵魂。从此，鲁迅把文学作为自己的目标，成了伟大的文学家、革命家，他用手中的笔做武器，写出了《呐喊》《狂人日记》等许多作品，唤醒了无数同胞起来和黑暗势力做斗争。

由此可见，人生的竞赛场上，并非只一处辉煌，此路不通时，要及时回头，这样才能找到生活的目标。

识时务者为俊杰

为人处世要识时务，要能看透世事发展的趋势，并顺应世事发展，及时采取应变之策。审时度势是识时务最基本的功夫之一。看透世事发展的趋势，并顺应世事发展，及时采取应变之策，才是识时务的要义之一。

古人说：成者王侯败者贼。而古今中外之“成者”，无一不是识时务的俊杰。

李斯生于战国末年，年轻时当过小官，对当时现实和自己的处境很不满，一心想建功立业。他经常看见在厕所中觅食的老鼠，遇见人或狗就慌忙逃窜，样子显得十分狼狈。再看粮仓中的肥鼠，自由自在地偷吃粮食，没有人去打扰。

李斯由此感叹并得到启发，发现人要像粮仓之鼠，才能为所欲为，自由自在。他到齐国去拜荀子为师，专门学习治理国家的学问。

学成之后，李斯仔细分析了当时的形势。楚王无所作为，不值得他效力。其他几国势单力薄，也成不了大气候。他感到只有秦国能有所作为，于是决定到秦国去。

临行前，荀子问李斯去秦国的原因，李斯回答说：“学生听说不能坐失良机，应该急起直追。如今各国争雄，正是立功成名的好时机。秦国想吞并六国，统一天下，到那里去正可以干一番大事业。人生在世，最大的耻辱是卑贱，最大的悲哀是穷困。一个人总处于卑贱贫穷的地位，就像禽兽一样。不爱名利，无所作为，不是读书人的真实想法。所以我要去秦国。”荀子对此大加赞赏。

李斯刚到秦国时，并不得志。后来相国吕不韦发现李斯博览群书，加以重用，李斯才有了接近秦始皇的机会。

这时秦始皇正想一统天下，李斯趁机向他献计说：“凡是成大事业者，都应抓住时机。秦国在穆公时虽然强盛，由于时机不成熟，没有完成统一大业。自孝公以来，王室衰微，诸侯争霸，各国连年打仗。现在秦国国力强盛，大王英明，消灭六国像除灶尘一样容易。这正是完成帝业，统一天下的大好时机。如果错过机会，等各国强大并联合起来后，那时虽有大王的英明，也难以吞并天下了。”

秦始皇听了这些话十分兴奋，马上提拔李斯为长史，按他的谋略派谋士刺客到各国去，用重金收买各国大臣名士，收买不了的就刺杀。与此同时，又派出名将率重兵以武力威胁，迫使各国就范。

在10年时间内，李斯辅佐秦始皇消灭了六国，完成了统一天下的大业。他因此为秦始皇所器重，官位上升到了丞相。

李斯不愧是识时务者，当然属俊杰之列。择木而栖或者择主而从充分体现了抓住时机以达到自己的目的的谋略。李斯给“良禽择木而栖，良臣择主而事”做了绝佳的注解。

由此可见，幸运不是从天而降的，这关键在于你是否能够有一双雪亮敏锐的眼睛，而且处处留心洞察分析时机，揣度情况。当你等到适合的时机，因事制宜，好运气终会属于你。

做人做事要机敏灵活

古书称“随机应变，则易为克殄”，意思是说，跟随时机调整策略就容易战胜对方。天地间没有不变的事情。万事万物随时而变，随地而变，随社会的发展而变，随人的生理、情感、观念而变。时时在变，处处在变，人人在变。学会应变、善于应变、精于应变，能够随着时势、事态的变化而从容应变，是一个人做事时需具备的本领。不能认清客观形势的变化，不能跟着客观形势变化而变通的人，最终将什么事都做不成。由于人的力量有限，做事时充分利用外在环境、外在条件所提供的优势，则可以取得更大的优势、更大的成功。

东汉末年，董卓的篡权行为激起了朝臣的普遍愤恨，当时还只是骁骑校尉的曹操决定刺杀董卓。一日，他佩着宝刀来到相府，见董卓在小阁坐于床上，吕布侍立于侧。董卓一见曹操，便问他为何来得晚。曹操回答说：“乘马羸弱，行动迟缓。”于是，董卓即让吕布从新到的西凉好马中选一匹送给曹操。吕布领命而出。曹操觉得机会来了，既想动手，但又怕董卓力大，难以制服。正犹豫间，董卓因身体肥胖，不耐久坐而倒身卧于床上并转面向内。曹操见状急忙抽出宝刀，就要行刺。不料董卓从衣镜中看到曹操在背后拔刀，急回身问道：“曹操干什么？”此时吕布已牵马来到阁外。曹操心中不免暗暗发慌，他灵机一动，便表情镇静地双手举刀跪下说：“今有宝刀一口，献给恩相。”董卓接过一看，果然是一把宝刀：七宝嵌饰，锋利无比。董卓便将宝刀递给吕布收起，曹操也将刀鞘解下交给吕布。然后，董卓带曹操出阁看马，曹操趁机要求试骑一下。董卓不假思索便命备好鞍辔，把马交给曹操。曹操牵马出相府，加鞭往东南而去。

曹操是一个高明的刺客。宝刀既可以作为刺杀董卓的利器，亦可以作为进献的礼物。最关键一点是曹操的随机应变，在紧急关头灵活机智，使自己得以保全性命。由此可见，曹操是一个能成事的英雄，而不是一个舍生取义的莽汉。

事情的成败，受到主客观许多因素的影响，只有把握住最有利的条件和机会，选择最恰当的方式，才能成功。“相机而行”“见机行事”这一谋略的实质还在于，事物在不断变化之中，主客观条件也是不断变化着的，只有能够随着时间、地点和机会的变化而灵活地做出不同选择的人，才能把握住成功的主动权。

我们总是处于一个具体的、复杂的、多变的环境中，面临众多的机遇和挑战，如何在激烈的竞争中立于不败之地，机敏是一个必不可少的因素。对于个人而言，机敏是一个人智慧的象征。如果不是平常就修养已久，很少有不茫然失措的，一点小事就会闹得不可收拾；只有头脑聪明，反应敏锐的人，才能够发挥个人的机智，在顷刻之间镇定自若，在面临瞬息万变的局势时，都能履险如夷。

学会迂回前进

大赵下岗后一直找不到好工作，有一天他在报纸上看到了一则招聘广告：一家报社招聘编辑、记者，而且只问才能，不问学历！看到这个广告后，大赵乐坏了，因为他虽然只有高中文凭，但却十分热爱写作，曾发表过十万余字的各种体裁的作品。于是大赵满怀信心地去报了名，但几天过去了也没得到面试通知，打电话一问，人家说是学历太低。这下可把大赵气坏了，大赵发誓非进这家报社不可。从那以后，大赵开始大量向那家报社投稿，丝毫不计较稿费的高低。由于这家报社开了不少副刊，大赵悉心加以研究后，专门为他们量身定做，所以他的作品几乎篇篇被采用，甚至还创造过这样的“奇迹”：有一次，该报的副刊总共只有7篇稿子，其中3篇是大赵的“大作”，只是署名不一样。于是大赵的作品被这家报社的编辑竞相争抢，常常是刚应付完文学版的差事，杂文版的差事又来了。有时候他的创作速度稍慢一点，那些编辑就会心急火燎地打电话催稿。一段时间后，那家报社给大赵打来了电话：如果他愿意，现在就可以去上班。

大赵直来直去地去应聘时，受到了冷遇；他兜了个圈子后，报社反而主动来请他。这是什么道理呢？欲速则不达，直来直去的习惯常常会让你碰壁，迂回前进反而会让你更快达到目的。

人们曾做过这样一个试验：他们把一只蝴蝶放飞在一个房间

里，它会拼命地飞向玻璃窗，但每次都碰到玻璃上，在上面挣扎好久恢复神志后，它会在房间里绕上一圈，然后仍然朝玻璃窗飞去，当然，它还是碰壁而回。

其实，旁边的门是开着的，只因那边看起来没有这边亮，所以蝴蝶根本就不会朝门口飞。追求光明是多数生物的天性，它们不管遭受怎样的失败或挫折，总还是坚决地寻求光明的方向。而当我们看见碰壁而回的蝴蝶的时候，应该从中悟出这样一个道理：有时，我们为了达到目的，选择一个看似较为遥远、较为无望的方向反而会更快地如愿以偿；相反，则会永远在尝试与失败之间兜圈子。

有一位留学法国的计算机博士，毕业后在法国找工作，结果连连碰壁，许多家公司都将这位博士拒之门外。这么高的学历，这么热门的专业，为什么找不到一份工作呢？万般无奈之下，这位博士决定换一种方法试试。

他收起了所有的学位证明，以最低的身份去求职。不久，他就被一家电脑公司录用，做一名最基层的程序录入员。这是一份稍有学历的人都不愿去干的工作，而这位博士却干得兢兢业业、一丝不苟。没过多久，他的上司就发现了他的出众才华：他居然能看出程序中的错误，这绝非一般录入人员所能比的。这时他亮出了自己的学士证明，老板于是给他调换了一个与本科毕业生对口的工作。过了一段时间，老板又发现他在新的岗位上游刃而余，还能提出不少有价值的建议，这比一般大学生高明，这时他才亮出自己的硕士身份，老板又提拔了他。

有了前两次的经验，老板注意观察他，发现他还是比硕士有水平，其专业知识的广度与深度都非常人可及，就再次找他谈话。这时他才拿出博士学位证明，并叙述了自己这样做的原因。此时老板才恍然大悟，并毫不犹豫地重用了他，因为老板对他的学识、能力和敬业精神早已了解了。

与这位博士相反，许多年轻人初入社会时，往往把自己的一堆头衔、底牌全部亮出来，夸耀自己，结果或者让别人反感而难以与人合作，或者让人产生很高的期望值结果却让人失望。

在现实生活中，人们无论做什么都习惯于直来直去，结果费了不少力气，却没见到什么成效，如果他们能学会兜个圈子的话，那么行动起来就会更顺利。

换种思维，感谢你的“敌人”

在现实生活中，人们可能一直为自己有个竞争强敌而苦恼不已，因为有了这个“敌人”，我们就要时刻提防自己被他超越，为了自己的生存，我们往往要用自己百分之百的努力去工作、去学习。

日本的北海道盛产一种味道鲜美的鳗鱼，许多渔民都以捕捞鳗鱼为生。

鳗鱼的生命力很脆弱，只要一离开大海，要不了半天就会死亡。奇怪的是，渔村有一位老渔民天天出海捕捞鳗鱼，上岸后，他的鳗鱼总是活蹦乱跳的。而其他渔民，无论如何处置捕捞到的鳗鱼，回港后鳗鱼全都死了。由于鲜活的鳗鱼比已经死了的鳗鱼价格几乎要贵出一倍以上，所以几年后，老渔民成了远近闻名的富翁，周围的渔民却只能维持简单的生活。老渔民临终之前，才把让鳗鱼不死的秘诀传授给儿子。原来，老渔民每次出海，都在鱼舱中放进几条狗鱼。鳗鱼和狗鱼是出名的死对头，几条势单力薄的狗鱼一旦遇到成舱的鳗鱼，便惊慌地在鳗鱼堆里四处乱窜。而鳗鱼遇到狗鱼就会立刻警惕起来，这样一来，几条狗鱼就把满满一舱死气沉沉的鳗鱼全都给激活了。

一种动物如果没有天敌，就会变得死气沉沉。鳗鱼因为有了狗鱼这样的敌人，才重新激起生存的活力。社会生活中，一个人如果没有“敌人”，他就会甘于平庸，产生惰性，最终庸碌无为。一个群体、一个行业如果没有“敌人”，就会因为安于现状而失去进取的动力，逐步走向衰落。这样的事例不胜枚举。有了“敌人”，才会有危机感，才会有竞争力。有了“敌人”，你便不得不奋发图强，不得不锐意进取，否则就只有等着被吞并，被替代，被淘汰。

也许，在公司中你是资深员工，经验丰富，能力强，很有可能是下一任主管的候选人。可是突然某一天，办公室来了新面孔。她可能是公司重金挖来的同行高手，也可能是聪明伶俐、勤奋肯干的后起之秀……总之，她的到来为办公室带来了新气象，也让你明里暗里感到了扑面而来的巨大压力……

杰琳是某跨国公司的业务骨干，两个月前，人事经理带着一位俊秀、干练的女子走进办公室，介绍说这是新同事，是公司为了拓展南方市场从其他公司挖来的市场推广“高手”。

“我叫伊娜，请各位多多关照。”“高手”笑容可掬地跟大家打招呼。

高手？有多高？杰琳也像其他同事一样对“高手”伊娜好奇并观望着。杰琳还靠自己的老关系从人事部门了解了伊娜的背景资料：名牌大学毕业，原公司驻华南总部的资深职员，有丰富的行业经验和客户资源。

就这些吗？也没有什么突出之处啊，杰琳想。可是接下来发生的事情却让杰琳对伊娜不得不刮目相看了。

第一次策划会上，主管让伊娜先发言。伊娜摊开策划书，不慌不忙地宣读，条理清晰，思路新颖，关键之处还做了详尽周到的说明，令在场的所有人都如沐春风。待她发言结束，主管抑制不住兴奋的心情总结道：“新人来了就是不一样，给我们带来了新的思路和更丰富的信息来源，好，好。”

伊娜的出色不仅表现在工作上，在最近一次公司聚会上，她那近乎专业水平的美妙歌喉赢得了全场掌声，让她大大出了一回风头。

如果仅仅是这些，杰琳倒也不放在心上，新人嘛，总会带来一些新气象，可是上周发生的一件事情，却让杰琳感到了压力。

为争取到泛英公司这个大客户，杰琳已经跟踪了三个月，可总是差那么一点，以致一直不能达到目的。为此主管把杰琳单独叫到办公室，说有一个新的项目要让她做，至于泛英公司的项目嘛——“就移交给伊娜吧，让她锻炼锻炼”。

主管说得很诚恳，杰琳也知道，有时换一个人换一种思维可能会加速项目进度。但多少有点赌博的味道，谁也不敢保证什么。何况伊娜是新人，她能行吗？

但事情完全出乎意料，一个月后，伊娜微笑着把合同书放到了主管的办公桌上。

主管在全部门同事的面前对伊娜大大表扬了一番。所有人都欢欣鼓舞，杰琳也不例外，可是杰琳的满脸笑意中却透着一点尴尬，别人看不出来，但是她自己知道——伊娜用一个月时间就完成了她三个月都未搞定的事情，能不让人窝火吗？杰琳明显感到一股来自伊娜的压力正向她滚滚涌来。

从此，杰琳再也不会9点上班10点到——作为曾经的业务骨干和老员工，这在以前似乎是很正常的事；再也不会对客户漫不经心了——以前优秀的业绩让她对开拓新客户已经感觉可有可无了；再也不会感觉工作枯燥乏味了——她现在最感兴趣的就是让伊娜看到自己的真实能力……

又三个月过去了，杰琳终于在年底绩效评估中一路领先。可能伊娜都没想到，正是自己的出现，给杰琳带来了深深的恐慌感，从而促成了她职业生涯的再度辉煌。

所以，不要一味地把“敌人”视为眼中钉、肉中刺，其实，换一个角度看问题，拥有一个“敌人”并不是坏事。他会让你时刻有种危机四伏的感觉。为了生存和发展，你必须以更加旺盛的斗志去迎接挑战，从而在与“敌人”的竞争中不断完善自己，不断进行自我扬弃，永葆生机和活力。

有一位动物学家，他在考察生活于非洲奥兰治河两岸的动物时，注意到河东岸和河西岸的羚羊大不一样，东岸的羚羊繁殖能力十分强，西岸的羚羊繁殖能力却十分弱，并且东岸羚羊的奔跑速度要比西岸羚羊的速度每分钟快15米。

这是为什么呢？

动物学家首先研究了两岸的自然环境和食物结构，结果发现两岸自然环境和食物结构基本上没有差别。

那是什么造就了两岸羚羊的强弱不同呢？

为了解开这个迷，动物学家和当地动物保护协会进行了一次实验：他们在河东岸捉了10只羚羊放到西岸，同时在河西岸捉了10只羚羊放到东岸。

几个月过去后，动物学家发现，原生活于东岸而被送到西岸的羚羊繁殖到了15只，而原生活于西岸而被送到东岸的羚羊，却只剩下了4只，另外6只被狼吃掉了。

原来，生活于东岸的羚羊之所以强壮，是因为它们居住的地方有狼群，它们是生于忧患之中，经常奔跑，生存能力在与狼的竞争之中不断强化。而西岸的羚羊因为没有狼群威胁，缺乏生存压力，奔跑少，因而弱不禁风。

在一个没有“狼”的地方生存，的确是一件快乐的事情，但“狼”是客观存在的，“狼”最终要来。如果你想生存下去，就必须比“狼”跑得更快。这种每日的奔跑，可能是一件辛苦的事情，但正是在这种奔跑中，你的生存能力会越来越强大。

在生活中，选择一个强大的对手做“敌人”，正是为了使你能更及时、更深刻地发现自己的不足，从而使自己更趋完善，取得意想不到的成就。

企业在市场上竞争，也是同样的道理。作为美国饮料市场上的老二，百事可乐始终是将可口可乐作为竞争对手和市场动力来对待，在不断的挑战中发展壮大。

企业之间的争夺永远是在市场上进行。为了占有市场，百事可乐对原有的经营方式进行了五项改革：（1）改良口味，使其不逊于可口可乐；（2）重新设计外包装和公司的各种标识，发挥整体广告的宣传作用；（3）增加广告投入，提升本公司的品牌形象；（4）集中力量攻占可口可乐所忽视的市场；（5）集中力量攻占市场据点，选定了美国的25个州和国外的25个地区作为重点攻克目标。

但事实并非如百事可乐所愿，因为无法抓住可口可乐的弱点，百事可乐的收效不是很大。

1985年是可口可乐公司成立100周年的日子，这时可口可乐公司突然宣布要采用一种全新的配方，这种配方是可口可乐公司花费了数百万美元研制的。可是消费者并不买账，他们纷纷抗议改变配方，可口可乐的形象大受打击。

可口可乐的这一举动令一直无从下手的百事可乐欣喜若狂。百事可乐立即花费了数百万美元制作了一个电视广告，并在各大电视台集中播放。一个漂亮的女孩儿对着镜头说："有谁能告诉我可口可乐为什么要这么做吗？他们为什么要改变配方？"镜头切换，姑娘继续说："因为它们变了，我要开始喝百事可乐了。"这一广告在电视台黄金时段反复播放，令百事可乐的形象开始鲜明起来。

接下来，两家可乐公司在市场上你争我夺，你追我赶。1987年，可口可乐公司花费250万美元请国际名导拍摄场面宏大的广告；百事可乐当然不甘示弱，花费500万美元请出当红人气歌星迈克尔·杰克逊为产品代言人。

尽管百事可乐不甘人后地频频向可口可乐发动进攻，但依然无法撼动可口可乐的老大位置，因为毕竟可口可乐已经存在了近120年。好在百事可乐是个喜欢挑战、不断创新的企业，他们看到软饮料的市场发展已成定局，就开始着手改变战略，向多元化方向发展，将鸡蛋分放在不同的篮子里。在快餐业，百事可乐又不断地让世人耳目一新。

百事可乐公司以大气的手笔兼并了三家快餐公司——比

萨饼屋、肯德基炸鸡店、特柯贝尔快餐店。三家店都设在每个主要城市的闹市区，并且每家店都以优质、低价的食品和高效、多样的服务赢得了顾客的青睐，销售额不断攀升，令许多老牌快餐店望尘莫及，即使是麦当劳也受到了莫大的威胁。麦当劳的年利润率为8%，而百事可乐快餐公司却高达20%。但是百事可乐并不因此而满足，不久，百事又开创了餐馆业的新潮流——送货上门。这一举措不仅为公司增加了收入，而且还赢得了市场口碑。如今百事可乐公司拥有15万个销售网点，保证及时、快捷地把百事可乐的馅饼、炸鸡送到千家万户……

在软饮料市场上，百事虽然没有超过可口可乐，但百事却将与可口可乐的销量之比从1:12提高到1:2，对于一个成立只有几十年的公司来说已足以令人刮目相看了。

可口可乐是可乐行业老大，后起之秀百事可乐一直都在可口可乐的强大压力下生存。但正是因为可口可乐这个强大的“敌人”的存在，百事可乐才得到了迅猛发展。

当然，在压力下生存得有一个前提，那就是要变压力为动力，要随时保持积极乐观的竞争态度，如果一遇到强大敌人，就投降，就放弃生存，那就只有成为强者的盘中美食了。

“敌人”的存在就像一面镜子、一把标尺、一张暗藏铁钉的卧具，能使你看到差距，使你寝食难安，使你大彻大悟，使你奋然前行。如果你在竞争中敢于并善于学习“敌人”的长处，那就不仅仅是一种气度，更是一种睿智；如果你能在对手的打压下发现并及时改正自己的不足，那就不仅仅是一种幸运，更是一种绝妙的反击了。

有这么一个寓言故事：

在狼的世界里，等级观念非常强烈。在美国明尼苏达州的一片丛林里，生活着一群等级森严的灰狼。这个狼群的王者是一匹叫作菲特的公狼。

菲特对狼族中的其他狼具有生杀大权，它智慧而且强壮，判断能力、狩猎能力、领导能力和决策能力都超过狼族中的其他成员，同时，它很有勇气。

在狼的社会里，头狼不容许狼族中其他狼窥探其王者地位和权威，其他狼接近头狼，不管是出于什么目的，都可能存在生命危险。在菲特的部落里，就发生过这样的流血事件。一只地位低于菲特的公狼偷窥它的王位，并试图和王后亲近，结果被菲特杀死了。但有一段时间，狼族中一只瘦弱的名为艾略的公狼却几次冒险前来和菲特套近乎。

艾略是整个部落中地位最低的公狼。作战时，它得冲在最前面，去冒最大的风险，分取战利品时，它却轮到最后，并且分得最少，甚至可能一点也分不到；在平日里，它也是其他狼的出气筒，它的存在，仿佛就是供其他狼消遣、展示权威，甚至练习武功的。

作为王者的菲特，自身就是等级的受益者和维护者，它当然不会为艾略这种低等级的狼伸张正义——在狼的社会，高等级的狼欺凌低等级的狼似乎并不违背正义的价值观。

看着艾略的举止，很多狼都为它捏了一把冷汗，同时，也有很多狼出于关心而劝阻它：“艾略，你应该离菲特远一点，小心它要了你的小命！”艾略却没有理会这些善意的劝阻，它小心地接触菲特，并最终成了菲特的贴身护卫。

这一下，艾略的地位发生了变化，其他狼再也不敢欺负它，并且在分配食物上面，它再也不会吃亏了。这些变化，一方面给艾略带来了好心情，另一方面给它带来了好营养，使它越来越强壮。

狼群的王者并不是终身制，每过一段时间，便会有一只公狼出来挑战王者，如果它能够征服包括头狼在内的所有公狼，那么它就是新的王者。

有一天早上，这样的挑战又发生了。

谁也没有想到的是，挑战的主角，竟然就是曾经的出气筒艾略。艾略很轻松就打败了菲特，菲特只好夹着尾巴逃离了部落。其他几只公狼显然很不服气，它们以车轮战术，轮番上阵和艾略撕咬，但最后还是艾略取胜。

很久以后，当部落里有的狼问它当初为什么冒险去做菲特的贴身护卫时，艾略说："我当时虽然很弱小，但我心中却有统治部落的愿望，菲特是部落里最强大的成员，我要打败它，就必须先向它学习，而要向它学习，就必须接近它。"

"要打败他，就必须先向他学习"，这道理很简单，却又很深刻。一般说来，学习，不是难事。向书本学习，向他人学习，用理论武装头脑……已经成为不少人的良好习惯。但很多人还没有意识到，善于向"敌人"学习也是成功的重要条件。

在商业社会中，很多后起之秀，都是通过学习对手来实现打败对手的目标的，比如耐克打败阿迪达斯。

1970年前后，由于生活水平的不断提高，西方人对健康的重视程度也越来越高，适当的跑步或饭后散步成了一种休闲的方式。于是，跑鞋的需求量开始大增。

由于跑鞋穿着舒适，而且看起来年轻时尚，即使不跑步或散步，人们也舍不得脱掉它，跑鞋因此在那个年代流行起来。据20世纪70年代末的统计数据显示，仅在美国，当时就有2500万~3000万人坚持散步，还有1000多万人在家里或上班时都穿着跑鞋。德国著名的制鞋商阿迪达斯公司的事业因此如日中天，在跑鞋制造业遥遥领先了好多年。

成功让阿迪达斯有些飘飘然了，所有想挤进跑鞋行当的后来者都不被它放在眼里，包括耐克公司、布鲁克公司、新巴兰斯公司等。

耐克公司的创始人菲尔·耐克曾经是一位赛跑运动员，由于水平较差，不得不退出这一行当另谋职业。菲尔·耐克看到了运动鞋的广阔前景，游说他的老师和他合伙成立了制鞋公司。耐克公司从最初的1000美元起家，开始也仅仅是别人的一个加工车间，它替日本的泰格尔跑鞋生产鞋底，同时，也进口该鞋子在美国销售。没有仓库，生产的成品就放在耐克岳父家的地窖里。他们的公司在成立的头一年成功地销售了价值8000美元的进口鞋，算是初战告捷。

耐克为了赶上阿迪达斯，历经艰辛终于发明了自己的新式运动鞋，并为它取名“耐克”，真正的耐克公司出现了，这一年是1972年。也是这一年，耐克鞋首次在竞赛中亮相，而穿着耐克鞋的运动员取得了第四名的好成绩，但第一至第三名，依然由穿着阿迪达斯产品的运动员包揽，耐克决心向阿迪达斯学习。

超越的起点是学习。耐克第一步就是向阿迪达斯看齐，它要学习对手的看家本领——瞄准运动员，努力同那些前途无量的运动员建立长期而密切的关系；每设计出一款新的运动鞋都要耐心地征求他们的意见，然后免费送给他们试穿；在广告支出上，也学着阿迪达斯进行大规模的投入，最后连“飞人”乔丹也被耐克网罗其中并成为耐克运动鞋的形象代言人。耐克还看准奥运会这块金字招牌，它承诺并兑现：凡是在奥运会上穿着耐克鞋取得金牌者，耐克将提供奖金 3 万美元。

看到自己已“学有所成”，耐克开始计划从效仿转型到超越。它在瞄准运动员的同时，把目光放得更远：服务于大众，开拓休闲运动鞋和服装市场。

这一次，耐克抢在了对手的前面。市场对耐克鞋的需求与日俱增。最令耐克欣慰的是，它的 8000 家百货商店、体育用品商店和鞋店经销人中的一半以上都要提前订货才能得到满足。耐克的销售增长势头迅猛，而其市场占有率也节节攀升！短短几年，耐克就跑在了对手的前面，并把对手甩得老远。通过学习再超越，耐克公司开始了一路飞奔。

要超越“敌人”，就必须以“敌人”为师。在学习过程中，你不仅可以学到超越对象的优点，更能看到超越对象的缺点，你具备了他的优点而回避了他的缺点，你不想超越都不可能了。

第六章

你如何工作：格局提升效率

勤于动脑，带着思想来工作

带着思想工作，就是在工作中要有自己的想法，要勤于动脑。

在最具实力的世界500强企业当中，因为每家公司所从事的领域和特点不同，在招聘员工时侧重点也就不一样。

但是即使这样，各公司在对新员工进行考核时，有一点是不谋而合的，那就是都喜欢聘用肯用脑工作的员工。

一次，美国通用公司招聘业务经理，吸引了很多有学问、有能力的人前来应聘。在众多应聘者中，有三个人表现得极为突出，一个是博士A，一个是硕士B，另一个是刚走出大学校门的本科生C。公司最后给这三个人出了这样一道题：

有一个商人出门送货，不巧正赶上下雨天，而且离目的地还有一大段山路要走，商人就去牲口棚挑了一头驴和一匹马上路。

路非常难走，驴不堪劳累，就央求马替它驮一些货物，可是马不愿意帮忙，最后驴终于因为体力不支而死。商人只得将驴背上的货物移到马身上，马就有些后悔。

又走了一段路程，马实在吃不消背上的重量了，就央求主人替它分担一些货物，此时主人非常生气地说："如果你替驴分担一点，现在就不会这么累了，这都是你自找的，活该！"

没多久，马同驴一样也累死在路上，商人只好自己背着

◇ 工作时要勤于动脑 ◇

工作是死的，可人是活的，所以人在工作时要带着脑子，有自己的想法和主见。思想决定成败，勤于动脑和勇于打破常规的人才有可能不断创造业绩。

货物去买主家。

应聘者需要回答的问题是：商人在途中应该怎样才能让牲口把货物驮往目的地？

A说：把驴身上的货物减轻一些，让马来驮，这样就都不会累死。

B说：应该把驴身上的货物卸下一部分让马来驮，再卸下一部分自己来背。

C说：下雨天路很滑，又是山路，所以根本就不应该用驴和马，应该选用能吃苦且有力气的骡子去驮货物。商人根本就没有想过这个问题，所以造成了重大的损失。

结果，C被通用公司聘为业务经理。

A和B虽然都有较高的学历，但是遇事没有认真思考，最后还是以失败告终。C虽然没有很高的学历，但是他遇到问题后不拘泥于原有的思维模式，善于运用自己的思想，所以他成功了。

C就是一个肯用思想工作的人。

简单地说，带着思想工作，实际上就是在工作中要有自己的想法，要勤于动脑，勇于打破常规。

带着思想工作的人才能提出革新性的问题，工作才能有所突破，业绩才会不断提升。

在市场经济中，企业之间的竞争尤为激烈。从经济发展的过程来看，企业竞争的重点不断发生转移，并且出现了三个不同的竞争阶段。

在第一阶段，企业的规模都比较小，它们重点进行的是物质领域的竞争，争原料、争设备、争市场。因为这些东西与企业效益有直接联系，一旦竞争成功，效果会立竿见影地显现出来。

在第二阶段，企业看到了物是死的，而人是活的，企业有了人才能迅速发展，于是人才竞争成为企业竞争的重点，许多大公司用尽一切方法招揽人才。比如美国通用公司为了得到一位优秀的电气工程师，在多次挖墙脚没有成功的情况下，不惜花费巨资，把那位工程师所在的公司买了过来。

在第三阶段，企业认识到人才分为两种，一种是技术型的，另一种是思想型的。前者请来就能用，马上见效益，而后者尽管投资大、收效慢，却能够对企业的整体效益和长远发展产生无法估量的价值。于是，思想型人才在市场上成为竞争热点，咨询、策划、顾问之类也成了时髦的行当，而“点子大王”一时也成为社会的热门话题。

公司的老板们直接在竞争的第一线搏杀，他们深谙“有‘智’者事竟成”的道理，因此，他们对善于思考、具有超凡思想的人非常渴慕，因为他们中的许多人都是智者，他们能成就一般人无法成就的事业。

掌管着美国好乐公司30亿美元资产的副总裁艾丽莎·巴伦，20岁时曾当过一家糖果店的店员。来店的顾客特别喜欢她，总是等着她给自己售货。有人好奇地问艾丽莎：“为什么顾客都喜欢找你，而不找别的人，是你给得特别多吗?”艾丽莎摇摇头说：“我绝对没有多给他们，只是别的人称糖时，起初都拿得太多，然后再一点点地从磅秤上往下拿。而我是先拿得不够，然后再一点点地往上加，顾客自然就喜欢我了。”

思想决定成败，有思想、有头脑的员工是最有价值、最有发展前途的员工。带着思想工作，带着智慧工作，带着想法工作，已经成为当今时代工作中的必然要求。

打破定式，改变思路才有出路

思路决定出路，有什么样的思路就有什么样的出路。

今天，人们都已经熟悉了逆向思维这种方式，但到了实际工作中，人们还是习惯于常规思维。因此，工作中很多实际上可以解决的问题，也就被人们看成无法做到、难以解决的问题。

很多人很容易陷入一种工作思维定式里去，总是按着一种思路去解决工作中遇到的问题。一旦陷入这种工作思维定式里，工作就谈不上创新和改进。我们不妨自问：是你的管理者熟悉你的工作，还是你自己熟悉你的工作？每一个改革或改良，未必是什么大的动作，但这个小动作可能会有很大的收益。如果不是非常熟悉这些东西，怎么可能进行改进呢？最熟悉自己日常工作的是自己，而不是领导者。所以说，在一个企业或单位里，改革的力量来自哪里？不是来自管理者，而是来自员工自己。因为你对自己的工作最熟悉、最有发言权。

“如果你讨厌一个人，那么，你就应该试着去爱他。”善于改变自己的思维，不按照常理去想问题，就会取得非同一般的成效。这就是说，换一种思维方式，就能够化解问题。只要肯动脑，垃圾也会成为黄金。

每个人最大的敌人是自己，是自己的思维，是自己的思维定式，它导致很多发展机会流失。其实，改变这种思维定式也不需要你做出多大的牺牲，只需从生活习惯和工作习惯的小事入手，做出一点点改变就可以。比如，很多上班族很容易把早上起床的时间固定在再不出门就迟到的时间点，结果发现总是没有时间吃早餐，上班也总是踩着点儿，还老是一副急匆匆的样子。其实，只要早起十分钟，这些问题就很容易解决。

对每个员工来说，一点儿小小的改变都可能会给工作结果带来大的提升。许多员工都以为创造都是大的举动。事实上，四两拨千斤的事经常发生，每一个小小的改进，都可能会大大影响绩效。在现实工作中，也经常有这样的例子：在工艺上或在整个工作流程中，一个非常小的改变可能会对最终的结果产生非常大的影响。所以不要忽略这些小小的改进。

有时候，人只要稍微改变一下思路，工作的效率就会大大提升。每一个员工都要明白这样一个道理：一点点改变就意味着获得一次机会。要善于从创新思维中给自己赢得机遇，从而创造出柳暗花明的奇迹。相反，一个按着同一思路工作的员工，他的工作业绩上下浮动不会太大，因为总是重复使用相同的方法工作，其结果也就可以预期。但是，事物是不断发展变化的，没有包治百病的灵丹妙药，也就不可能用一种方法、一种思路解决不同的问题。一个墨守成规的员工显然无法适应现代社会的需求，即使勉力为之，也难以有所成就。很多员工总是抱怨自己的薪水低，自己的职位低，自己的成就不如别人。与其抱怨，还不如找找问题的根源，试着改变一下努力的方向，事情说不定会有大的转机。因此，当我们的努力迟迟得不到结果的时候，或者远离我们的预期时，就要学会改变，因为，哪怕只是一点点进步，都可能起到决定性的作用。

大胆想象，比别人多想一点点

想象力从某种意义上说就是创造力，是每个人自己的财富，是每个人在这个世界上唯一能够自己绝对控制的东西。

每个人都拥有想象的空间，只是有的人从来都不光顾这个尘封的世界，任由思维荒废，久而久之，想象力变得匮乏、僵直、枯竭了。其实，当你走在大街上，当你在看一部电影、当你处在一个陌生的环境的时候，你的想象力随时会爆发，让你欲罢不能。那么，为什么我们不能合理地去运用和拓展想象力的空间呢？让想象空间拉大、扩充，或许财富就离你不远了。

一位年轻人乘火车去某地。火车行驶在一片荒无人烟的山野之中，人们一个个百无聊赖地望着窗外。前面一个拐弯处，火车减速，一座简陋的平房缓缓地进入年轻人的视野。也就在这时，几乎所有乘客都睁大眼睛欣赏起寂寞旅途中这道特别的风景，有的乘客开始窃窃议论起这座房子。年轻人的心为之一动，返回时，他中途下了车，不辞劳苦地找到了那座房子。主人告诉他，每天火车都要从门前驶过，噪声实在让他们受不了，他早想以低价卖掉房屋，但多年来一直无人问津。不久，这位年轻人用3万元买下了那座平房，他觉得这座房子正好处在列车转弯处，火车经过这里时会减速，疲惫的乘客看到这座房子，精神会为之一振，那么这座房子用来做广告是再好不过的了。很快，他开始和一些大公司联系，推荐房屋正面是一面极好的“广告墙”。最终，可口可乐公司看中了这个广告媒体，在3年租期内，支付年轻人18万元租金。这就是突破常规、跳出惯有的思维习惯，想别人所不想，干别人所不干。

因此，每个人最需要的就是打开想象的大门，让想象的翅膀尽情飞翔。我们需要事业的成功，但是，激烈的竞争和压力让职场中人难堪重负，似乎忘记了如何去想象，更多的都只是按部就班地去工作。很难想象，这样的工作状态和想法能够让你的梦想实现。这个世界上，创新就是成功之门。每个人在日常生活中都会形成某种程度上的思维定式，越往后再改变这种思维定式，越不是件容易事。看到牙签，就想到是竹子做的，殊不知韩国人用土豆淀粉制作的牙签不仅可以用来剔牙，而且还可以吃。据报道，启发韩国人生产能吃的牙签，是因为当时有些养猪场的猪吃了酒店混进竹子牙签的残羹剩菜，出现了受伤的现象，于是一些聪明人就改用土豆淀粉制作牙签了。多么有趣而有益的创意！

心都到不了的地方，脚也永远到不了。许多在别人看来的所谓的奇迹，其实对于一些人来讲，是水到渠成的事情。比如，麦当劳的创始人雷·克洛克，在他之前，谁会想到能有麦当劳连锁餐厅在世界各地拔地而起？再比如陈天桥，仅靠着网络游戏就做得风生水起，令很多老江湖自愧不如。还有江南春，通过在楼宇里做广告，也一飞冲天。他们的成功都是想象力的成功。

做任何一件事，都会有很多种选择，哪一种才是最正确的？要发挥想象力，不断地超越自我。不少员工总认为自己是对的，比较偏执，牢骚满腹，夜郎自大，不知反省，他们固守着自己的想法，而不去寻找最好的路径。为了找到最佳解决方案，卡莉曾不惜打破惠普公司的先例，坐飞机到处去调查，会见客户，她说：“你永远有更好的思路去寻找。”

罗特是美国一家制瓶厂的设计师。有一天，他的女友穿了一套膝盖上面部分较窄、腰部显得很有魅力的裙子来厂里看他，一路上，人们频频回头欣赏着这条裙子。

罗特也注意到这条裙子，他越看越觉得线条优美。他想，要是将瓶子制成像这条裙子一样的形状，也许销路不错。想到这里，他马上转身跑回设计室，连声“再见”也没说。女友也感到奇怪，很不高兴地独自走了。

罗特回到设计室就在图纸上画了起来。后来，这种瓶子制造出来以后，不仅外形美观，而且里面的液体看起来比实际分量要多。

没过多久，美国可口可乐公司看中了这种瓶子，并且以600 万美元的高价购买了这项专利权。

许多东西的发明都是得益于另一东西的启发，因此，要想有所成就，须培养由此到彼的想象能力。

无论是在工作还是生活中，每个人都要做个善于想象的人，这样才会给自己的工作和生活带来更多的惊喜和可以预期的成就，让梦想和理想因为想象变得更近和真实。

开动脑筋，让新想法迸发出来

身在职场的人几乎都为这样的问题所困惑：我怎样才能更快地脱颖而出？实际上，许多成功人士的经历告诉我们：用创新的思想想办法、主动帮单位解决问题的人最容易脱颖而出，最容易得到人们的认可。

一个旅馆的经理，对旅馆的一些物品经常被住宿的客人顺手牵羊感到头痛，却一直拿不出很有效的对策来。他嘱咐下属在客人到柜台结账时，要迅速派人去房内查看是否有什么东西不见了。结果客人都在柜台等待，直到房务部人员查清楚了之后才能结账，不但结账太慢，而且面子挂不住，有的客人下一次再也不住这个旅馆了。

旅馆经理觉得这不是办法，于是召集各部门主管，让大家想想有什么更好的法子能制止客人顺手牵羊。几个主管围坐在一起苦思冥想。一位年轻主管忽然说："既然客人喜欢，为什么不让他们带走呢？"旅馆经理一听瞪大了眼睛，这是什么馊主意？

年轻主管挥挥手表示还有下文。他接着说："既然客人喜欢，我们就在每件东西上标价，说不定还可以有额外收入呢！"

大家眼睛都亮了起来，兴奋地按计划进行。

有些客人顺手牵羊，并非蓄意偷窃，而是因为很喜欢房内的物品，下意识觉得既然花了这么贵的住宿费，为什么不能拿回家做纪念品，而且又没明文规定哪些不能拿，于是，就故意装糊涂拿走一些小东西。

这家旅馆给每样东西都标了价，并向客人说明，如果喜欢，可以向柜台登记购买。在这家旅馆内，忽然多出了好多东西，像墙上的画、手工艺品、当地特色的小摆饰、漂亮的桌布，甚至柔软的枕头、床罩、椅子等用品都有标价。如此一来，旅馆里里外外也因此布置得美轮美奂，给客人们的印象好极了。这家旅馆的生意越来越好！

这位年轻的主管就是能够主动寻找创新方法的员工，这样的员工，是企业求之不得的。创新能够使你在竞争中脱颖而出，哪怕起初你处于不利的地位。创新能够为你的发展提速，也许你的经历不是最多的，经验不是最丰富的，技术不是最熟练的，但是你的创新能力价值非凡，它所创造的价值将使你本身存在的弱势不再成为你前进的障碍。创新会为你的工作业绩增值，使你成为最受企业欢迎和重用的人。

时尚的代言人、法国著名化妆品公司——香奈尔公司，它的发展壮大就是得益于一名员工在关键时刻的一个关键性的创意。

最初的香奈尔公司没什么名气，产品滞销，公司陷入困境。这时，销售部的一位员工突发奇想，并把想法向香奈尔汇报，立即得到了香奈尔的赞同。

没过几天，在巴黎《日日新闻》上，人们看到了这样一则广告：香奈尔化妆品公司精选的10名丑女，将在星期六晚上在巴黎大舞台与诸君见面。

广告刊出后，一时间被传为奇闻，当周六夜晚来临时，到场参观的人非常多。

帷幕拉开，丑女们鱼贯而出。果然都长得奇丑无比。观众顿时嘘声一片，大家无不惊叹：“竟然会有这么丑的女人！”

这时，只见香奈尔女士笑容可掬、神态自若地走上台，她对大家说：“为了展示本公司化妆品的功效，请诸位朋友稍等片刻，让丑女们化妆，以谢诸君。”

过了一会儿，随着音乐再起，丑女们一个个涂脂抹粉，在霓虹灯下果然是另一番模样。

观众无不叹服，自此，香奈尔公司生产的化妆品成了市场上得天独厚的宠儿。

真正有价值且令人豁然开朗的创意像金子一样光彩夺目，同时，它也总是藏在不被人轻易发现的地方。只要你能捕捉到这些亮点，你同你的公司将会以飞快的速度向前发展。

美国著名管理大师杰弗里说：“创新是做大公司的唯一之路。”没有创新，公司管理者肯定会毫无作战能力，也根本不会有继续做大的可能。同样的道理，创新也是一个员工纵横职场之本。在职场上，是否具有创新精神和创新能力，往往就是成功者与平庸者的分水岭。一个能不断创新的员工，永远都是纵横职场的骄子。

积极思考，为企业出谋划策

任何人都不是万能的，都有自己的弱项和局限性，单凭一个人的力量不可能把企业带上高峰。所有成功的企业老板都喜欢其他的人能多给自己一些有益的建议，以弥补自身的不足，促进企业的发展。这就是为什么老板们都喜欢用思想工作的员工的原因。

廖基程在工厂劳动时经常看到，由于大部分零件的精密度都非常高，为了防止零件生锈，工人们必须戴手套进行操作，而且手套必须套得很紧，手指头才能灵活自如。这样一来，戴上脱下相当麻烦不说，手套还很容易弄坏。

为此，他常想，难道只能戴这样的手套吗？能不能改进一下？

有一天，他在帮妹妹制作纸手工艺品时，手指上沾满了糨糊。糨糊快干的时候，变成了一层透明的薄膜，紧紧地裹在手指头上，他当时就想："真像个指头套，要是厂里的橡皮手套也这样方便就好了。"

过了不久，有一天清早醒来，他躺在床上，呆呆地望着天花板，头脑里突然想到：可以设法制作一种糨糊一样的液体，手往这种液体里一放，一双又柔又软的手套便戴好了。不需要时，手往另一种液体里一浸，手套便消失了，这不比橡皮手套方便多了吗？

他将自己的这一大胆想法向公司做了汇报，公司领导非常重视，马上成立了一个研究小组，把廖基程也从生产车间调到了这个组里。经过大家反复研究，终于发明了一种“液体手套”。

使用这种手套时只需将手浸入一种化学药液中，手就会立刻被一层透明的薄膜罩住，像真的戴上了一双手套，而且非常柔软舒适，还有弹性。不需要时，把手放进水里一泡，手套便“冰消瓦解”了。

美国鞋业大王罗宾维勒说：“一个好的建议，能给企业带来巨大的效益，同时也能给自己带来更多的发展机会。”的确，没有什么比为公司着想的建议更令老板欣赏的了。那些为了不动脑而保持沉默的员工，是最令老板感到不满的人；凡事都点头称是，一切都处理得不好不坏的人，在老板的心目中，最多是个“应声虫”。因此，适当地提出一些大胆的建议，可以提高你在老板心目中的地位。例如，你可以提出如何开源的办法，或者指出怎样节流对企业更有益处。

如果你的老板处理某件事的方法不太好，而他本人并未觉察或不知如何改进的时候，此时你若有好的主意，就应该果断地提出来，但要采取让老板能够接受的方式。

提出合理化的建议，比这更加出色的一点，就是让你的思维走在老板的前面。很多时候，你的效率也就是老板的效率。

当然，这是建立在你对老板已有足够了解的基础上，根据公司的实际情况做出的预计。为了做到这一点，你应尽量了解公司业务运作的经济原理：为什么公司业务会这样运作？公司的业务模式是什么？如何才能赢利？同时，你还应该关注整个市场动态，分析总结竞争对手的错误症结，不要让思维固守在以前的地方。

好的建议不是闭门造车造出来的，但只要处处留心，细心研究，就会有不断创新的灵感，这自然也是积累好建议的一种手段。每天行色匆匆，没有留意一下身边的人和事，那就有可能一生都这样匆匆忙忙、疲于奔波。当然并不是叫你事事留意，而是有意识地注意一下与你行业有关的信息，也许在不经意间你就会有意想不到的收获。

狮子公司是一家大型日化公司，到 1993 年，它的销售额达到了 28.9 亿美元，利润 4000 多万美元，拥有资产 25.5 亿美元，员工达 5000 人，排名全球五百强企业的第 483 位。

有一天，公司总裁召开会议，商讨牙膏销售问题。

那一段时间，公司的牙膏销售一直下降，大家都为这事烦恼，却一直找不到一个很好的解决办法。

在会议中，一个年轻人站了起来，手里举着一张纸，对总裁说：

“我手里这张纸上写有一条建议，如果你采纳我的建议，我们产品的销量很快会大增，不过我要求付给我奖金。”

年轻人开出的价钱非常高，立即遭到同事的指责，连总裁也有些生气，因为年轻人作为公司员工，是领取了薪水和奖金的。

“总裁，你别误会，如果我的建议行不通，你不必支付一分钱。”年轻人说。

看着年轻人自信的样子，总裁接过纸条，阅毕，他马上按年轻人要求的数额开出了一张支票。在场的各级管理人员个个感到不可理解。

第二年，依靠年轻人的那张纸条，公司的销售总额一下子提升了32%。

你肯定很好奇那张纸条上到底写了什么吧？其实也没几个字：将牙膏口径扩大1毫米。

想想看，人们每天都会按习惯挤出一截长度差不多的牙膏，要怎么才能让牙膏用得快一些呢？就只能在口径大小上打主意了。

这就是员工智慧的力量。请不要小看员工的智慧，有些时候，一个员工的建议能使一个已经停产的企业起死回生。

1939年，龙金尼·杜尔奈收购了长岛郊区一家只有五六人的小得可怜的电线号牌制造厂，起名为“北岸名牌公司”。接办工厂初期，杜尔奈几乎寸步不离厂房，因为四部机器中只要有一部停机，生意就要亏本。这时的他深深感到了生意难做：成本高，同行竞争激烈，特别是由于大厂都采用自动化生产，小厂根本无法与之竞争。半年以来，工厂虽没亏本，但加上购买工厂时借款的利息，账面上已出现赤字。

严峻的问题摆在面前：换自动设备换不起，卖掉工厂又没有人要，拖下去又会越陷越深，而且一位在厂里起决定作用的技术人员又在此时提出辞职，杜尔奈简直绝望了。

最后，他向全厂宣布：“从今天起，我们停工了，但希望各位今天都不要离开工厂，工资照发，请大家把智慧贡献出来，看看这个工厂还有没有救。”说罢，他给职工送上纸和笔。

杜尔奈很快拆阅了员工们留给他的十几封信，当他拿起最后一封信时，已陶醉在一片安慰之中。

这最后一封信是刚来不久的一位小学徒写的，信中有这样几句话：“任何问题，绝不止一种解决方法，问题在于哪一种对自己有利，自己又能办到。”又说，“更新设备这条路是绝对走不通的，可是你是否想到了其他解决方法？例如，用的材料如果变更，是不是可以达到降低成本的目的，我只是根据‘现有的，不一定是好的！’这句名言提出我的看法。”

“变更材料！”杜尔奈握着信，激动地站了起来。这是唯一可试行的办法。当时电线号牌都是铝制的，价格比较昂贵，如果能找到一种便宜的材料，能防水防火就行。于是，杜尔奈四处寻找这样的材料。最初选中一种特制油纸，具有防火性能，价格也很便宜，只是硬度不够，他便买来进行加工研究。经过试验，硬度够了，防火性能也不错，就是易变形。他又重新加工，不想脆度太大又容易折断，最后他舍弃油纸，改用一种韧性强的白纸，刷上一层透明胶，终于使价格比铝制号牌便宜2/3的纸制号牌问世了。

杜尔奈把他的新产品拿去申请专利，获得了5年专利权。在5年专利期满前，杜尔奈的工厂扩大两倍，而且全部采用了自动化设备，资产达到1亿美元以上。

有些企业在陷入困境时，管理者就要求员工集资解困，而聪明的管理者却召集员工献计献策，走“集智”路。集资再多，如果不好好利用，终有用尽之时，而智慧，却永无枯竭之虑。

第七章

你如何快速致富：格局创造商机

赚钱要会审时度势

赚钱最重要的是审时度势，诚如李嘉诚所说：“必须紧跟时代、超越时代，有创业家的精神。要有创造性，勇于挑战。”企业通过对各种竞争对手之间和与本企业的竞争优势劣势的分析比较后，能够使自己时刻保持清醒头脑，驾驭市场发展局势，及时做出相应对策，避免被竞争者排挤出市场。

李嘉诚最初萌发独立创业的念头，就是建立在对时势的准确把握的基础上的。

20 世纪中期，大批难民从各个方向涌向被视为避风地的中国香港，使香港的人口激增，10 年内，人口从五六十万人一下子到了近 200 万人。涌来的大批内地人，给香港带来了大量的资金、技术、劳力，也使香港本地市场的容量扩大了许多。

此外，由于国外资本家在内地的利益遭到了毁灭性的打击，设在上海、天津、广州等大城市的外国洋行及工厂，也都纷纷把企业迁移到香港。

大量的人口和资金，在一定程度上填补了 20 世纪 30 年代初世界经济危机以及日本占领时期给香港带来的巨大创伤。资金和人才，加上大量的廉价劳动力，使香港经济获得了喘息的机会以及重振的基础。此时整个世界经济也开始走出二战的阴影，经济逐渐恢复，人们追求和平与发展的呼声渐高，给香港提供了良好的国际环境。这一切都显示着香港经济即将起飞。

李嘉诚坚定地看好香港的经济前景，他十分相信自己的判断：创立自己的事业，现在是最好的时机，不抓住这个千载难逢的机遇，则悔之晚矣。

李嘉诚正是在这种大背景下，毅然从原先的公司辞职，独立创业的。他首先选择塑胶业作为自己的发展方向，是基于以下两种考虑：

首先，他在此前打工的塑胶公司积累了丰富的经营管理经验，这些宝贵的知识完全可以作为他创业的本钱。

李嘉诚后来在回忆塑胶公司的经历时，感慨地说："这段生活，是我人生的最好锻炼，尤其是做推销员，使我学会了不少东西，明白了不少事理。所有这些，是我今天用 10 亿港元也买不来的。"

其次，塑胶业在当时世界范围内尚属新兴产业，发展前景十分广阔，是一个很有潜力的行业。塑胶制品成本低，加工容易，投资少、见效快，适宜初创业者经营。而塑胶原料大多从欧美日进口，产品既可在本地市场消化，又可打回海外市场，销售渠道比较广。

李嘉诚能看到这个商机，做出如此明智的选择，这与他在工作之余，时刻不忘关注时局的变化趋势是分不开的。他对各种行业前景在新形势下面临的机会和挑战，都有一定的了解，并爱思考，善分析，心中有一套自己的看法。因此，他才能在关键时刻做出正确的判断。

与李嘉诚一样，新加坡丰隆集团主席郭芳枫也是一位审时度势的高手。郭芳枫是世界著名的银行家，他的生意遍布全球五大洲。1983年，美国最有影响的金融杂志《投资者》上，郭芳枫被列为世界上最富有的银行家的第二名。郭芳枫是怎样走向成功的呢？

1945年，第二次世界大战刚结束，郭芳枫预见到大战之后马上就会有一个医治战争创伤、重建家园高潮的到来，建设物资肯定会出现短缺。根据这种估计，他立即投入资金，收购战争剩余物资，如五金、建材等。后来发生的情况果然如他所料，五金、建材供不应求，价格持续上涨。战争剩余物资的交易，给郭芳枫带来了巨大的财富。1948年，丰隆公司成为新加坡著名的、实力雄厚的商业机构。

郭芳枫并没有陶醉在经营战争剩余物资的成功之中，又开始谋划下一步棋了。郭芳枫预计随着经济的恢复，建工厂和住宅需占用大量地皮，地价将会上涨，于是他把注意力逐步转移到房地产上来。他把看好的地皮一块块买进来，准备再高价卖出去。收购来的地皮大多是地理位置好的地块，这些地皮的价格一年年上升。到了20世纪70年代，地皮的身价已经翻了几番。

后来，郭芳枫又及时把单纯的地皮买卖转变为房地产买卖，并为此专门建立了丰隆实业有限公司。对早期收买的地皮，进行全面、有效的经营投资，陆续把它们建设成现代化的居住区和商业办公大楼，坐落在地理位置优越的罗敏中路的丰隆大厦就是其中的一座。房地产投资也给郭芳枫带来了巨大的利润。

最能说明郭芳枫能够审时度势、善于把握时机的例子还有，1957 年，郭芳枫看准了随着建筑热潮的到来，必然会带来对水泥需求的膨胀。于是，他联合三井和黑龙两家公司共同创立新加坡水泥工业，于 1961 年正式投入生产。当该厂的水泥投入市场时，正值新加坡房地产业发展最旺盛的阶段，产品供不应求。

如今，丰隆集团有几十家不同的企业分布在新加坡、马来西亚、中国香港和英国，经营的范围有制造、贸易、经销、酒店、房地产、造船、保险、金融等行业。

由此可见，一位商人的分析、判断能力的高低，直接决定着他事业成就的大小。试想，如果李嘉诚和郭芳枫在面对瞬息万变的信息、捉摸不定的局势时，脑海中一团乱麻，那他们就成功不了。所以从这个角度说，商人在分析、判断能力上应该对自己有更高的要求。

处处先人一步

一个正确的、科学的决策并不是所谓“眉头一皱”，就能“计上心来”，而是建立在正确整理、分析客观事实的基础上，进行科学的、合乎事物发展规律的预测才能做出来的。因此，预测是企业家决策中必不可少的重要一步，是制定企业战略的前提。

西武集团在发展过程中曾经从许多行业中淡出，避免了公司重大的损失（注：日本西武集团，是一家历史悠久、财力雄厚的企业集团，与新日本钢铁公司、三菱重工业集团并列为日本三个最大的企业集团。堤义明是西武集团的老板，在日本，他的名字几乎无人不晓，但在日本以外，则很少有人知道）。

1966 年，西武集团退出地产界，是堤义明接管公司后的一项大举措。

当时日本正处于工业上升时期，又值 1964 年东京奥运会开过，几乎所有的人都肯定地认为进行土地投资一定能赚大钱，甚至可以一本万利。但堤义明却做出退出地产界的决定，当时许多人开始怀疑他的能力，更有一些人中伤他是个毫无头脑的傻瓜。公司还专门召开了一次会议，讨论是否投资地产业，堤义明在会议上面对经验比他丰富、年龄比他大的高层主管这样说：“现在土地投资的好时机已经过去了，什么都要讲求平衡，现在大家一个劲地炒地皮，结果只能把正常的状态搞坏，我想，过不了多久就会出现失衡的大问题。”

他当机立断：“我们公司必须得有一个明智的决定，如果全体一致同意，那事情就不妙了，全体一致的主张，往往都会有毛病。现在你们大家都不同意我的看法，可是我知道我是对的，你们全都没有看到地产业的风雨已经来临了。我决定了，大家就照我的话去做就行了。”

当时，也有人说，堤义明其实是拥有了太多的土地，满足了，所以不想再做土地买卖。不错，西武集团的土地当之无愧是日本第一，可是在地皮行情最好的时候放弃地皮投资，却并不是因为他已经握有大量的土地，而是因为他搜集到了足够的情报。分析表明，地产业的好景只能够维持几年，土地供过于求，只有及时收手，才不会在大灾难到来的时候一败涂地。

尽管接任公司老板位置还不到一年的堤义明的决策在公司内外造成严重的不满情绪和各种各样的猜疑，但不久的事实就证明，堤义明的看法和决策是完全正确的。在那以后相当长的一段时间里，由于供过于求，土地价格猛跌，很多地产商陷入困境，有的甚至倾家荡产。

堤义明适时退出地产投机生意，不仅挽救了西武集团，而且在无形中帮助政府及早考虑修订土地管制法。为此，当时的著名政治家、日本首相池田勇人曾经赞扬堤义明，说他是个有远见又有责任感的企业家。

堤义明沉默寡言，勤于思考，给人留下鲜明的印象。在企业经营方面，大家都尊重他能在必要的时候做出最有力的决定。堤义明认为：企业家如果不能对事情的发展有很好的预测能力，就不能做出正确的判断，应该通过现实的各种动向与信息，细心观察未来趋势。

不久后的另一件事更印证了堤义明的观点的正确性。当时，玩保龄球成为风行日本的运动。面对如此强劲的风潮，日本的许多大型企业纷纷拿出巨款，收购昂贵的土地，建造大型的郊区保龄球场。企业界人士普遍认为，日本1亿多人口，有超过3000万人喜爱打保龄球，有这么大的消费群体，多开几个保龄球馆，一定是有赚无赔的安全投资。

西武集团一向经营娱乐业，又占有土地的优势；当时的保龄球生意很好，利润相当可观。西武集团的高层主管都建议堤义明进一步扩大保龄球场的规模，增加在这方面的投资，以获得更大的利润，然而堤义明再一次宣布："我决定收回投资，不再做保龄球生意。"公司内外又是一片反对之声，普遍认为堤义明做事太武断，可能要坐失良机，但堤义明丝毫不为所动。他深知，自己作为西武集团的老板，必须对集团十二分地负责，这也是对数以万计的员工负责。他这样说："公司必须做出明智决定，如果全体意见一致相同，恰恰会出问题。因为全体一致的主张，有时不一定是每个人都深思熟虑做出的，现在大家都不同意我的看法，但我知道我是对的，因为所有信息都表明，这个行业已经山雨欲来，危险至极。"

高层人员仍有人议论、争辩，但堤义明仍坚持他的看法。大家只好分头行动，结束数以百计的保龄球馆生意，并将这些场地改做其他投资用途。

果然又不出堤义明所料，保龄球只是一时的热潮。不久以后，玩保龄球的人数急剧减少。绝大多数保龄球顾客又去追求新的时髦运动，像打网球、钓鱼、滑雪等等。一下子造成80%的保龄球馆因生意不景气而倒闭。直到今天，人们在东京郊区仍能看到许多倒闭了的保龄球馆的断壁残垣，人们把它们戏称为“保龄球死尸”。

堤义明的正确判断又一次使西武集团避免了保龄球馆倒闭的灾难。

西武集团的老对手日本东极集团的总裁长志五岛升对此由衷地赞叹道：“近20年来，大转换中的日本企业界的杰出英才要数堤义明了。我佩服堤义明的预测眼光，他一直都比别人先看到未来。有这么准确锐利的洞察力，使他成为非凡的企业家。”

眼光独到，随处都能赚钱

随处都能够赚钱是每个商人的梦想，也是每个商人价值的重要体现。 优秀的商人的眼光灵活而多变，并且善于发现赚钱的机会。

机会对每个人都是平等的，区别就在于你是否有眼光去发现。赚钱是一个无时不在、无处不在的活动，没有时间和地域的限制，而你所需要的，仅仅是发现赚钱的机会。

在20世纪70年代末期，李嘉诚预见到了旅游业将成为香港的热门行业，与此相关的宾馆行业将会飞速发展，一流的宾馆将会有很高的出租率。一旦坚定了自己的想法，李嘉诚以迅雷不及掩耳之势，收买了拥有美国资本的永高有限公司56%的股权，随后又收买了其他股东的股权。这家公司的主要产业是位于香港中区的有800个房间的希尔顿大酒店。

对于这个行为，李嘉诚解释说："我当时估计，全香港的酒店，在两三年内租金会直线上扬。香港希尔顿的资产，已经值得我买。这就是决定性的数据，让这家公司在我手里。"李嘉诚在接手饭店之后，果不其然，赶上了香港旅游业有史以来的黄金时代，李嘉诚大赚了一笔。

随处都可以赚钱，在很多人眼中，可能是天方夜谭。 事实上处处有商机，商人间的区别就在于是否具有这种发现商机的眼光。 只要具备这种素质，即便是身无分文的人也可能成为一位千万富翁。

◇ 独到的眼光带来商机 ◇

正确的决策都是建立在对产业趋势有正确了解的基础上的，切忌盲目跟风。所有人都认可的事物不一定就是好的，做战略决策时需要先人一步。

丹妮丝在没有创业之前是一名普通的银行职员。当时，她与其他职业女性一样，很喜欢穿一种刚刚流行起来的长筒丝袜。这种长筒丝袜配着裙子穿，又凉快又不失庄重，这使众多的职业女性在炎热的夏季彻底告别了古板、闷热的长筒裤子。

可是，丹妮丝不久就发现了穿这种长筒丝袜所带来的不方便，如果穿的时间稍长了一些，袜子的顶端就会缩回来。有时，丹妮丝正在为顾客服务，有时正在与客户谈判，那长筒袜竟然会不听话地缩回来。每当这时，丹妮丝就不得不借故去卫生间。面对这种尴尬，丹妮丝想到，别的职业女性也一定遇到过，那么，如何才能解决这一问题呢？

有一天，丹妮丝正站在大厅里同一个很重要的客户谈话，又感到裙子里面的丝袜在下滑了，她实在被这个问题搞得心烦意乱，只好又借故上卫生间。这一次，丹妮丝随手解下了扎在头上的一根丝带，一撕为二，然后用发夹在自己丝袜的顶端分别穿了两个洞，用丝带将它吊在内裤上。结果，这种很简单的应急方法很管用，整整一天，她的丝袜再也没有掉下来。丹妮丝马上意识到了这将是难得的商机，只要在长筒袜的顶端加上吊带，便可以成为一项新的发明。于是，丹妮丝毅然辞了工作，开了一个袜店。一双袜子仅用 5 分钟便可改完，结果，深受其苦又舍不得丝袜的女士们纷纷涌来改制，丹妮丝收益相当不错。

有了资金积累以后，丹妮丝便自己开工厂生产专门的吊带丝袜，后来又在吊带袜的基础上研制出了更方便的裤袜。现在，丹妮丝已在美国和加拿大拥有了十几家分店，固定资产达到500万美元。

随着吊带裙、露背装的盛行，越来越多的女性选择轻盈的雪纺蕾丝胸衣，不仅样式时尚，而且透气性好。可这种文胸也有缺陷，就是湿水后容易“走光”。

一次，女大学生徐露当空姐的姐姐从国外带回了一些花型乳贴，它没有吊带和搭扣，专贴在乳房上防止“走光”用的，在国外非常流行，如果要穿露背装或吊带裙，一定要有这个装备。

联想到上次一个女同学因为裙子不小心被弄湿后胸部透明得依稀可见的尴尬场景，徐露就将姐姐带回的十几对乳贴拿到学校试着销售，结果被一抢而空。没有买到的同学甚至还纷纷要求订货。

徐露由此感觉到这里面大有生意可做，于是她通过姐姐联系到了国外的进货渠道，并找到学校旁边一家内衣店请求店面合租。因为乳贴属于一次性消费品，不干胶层使用几次后就失去了黏性，所以来此购买的回头客很多，徐露的生意十分红火。

一家五星级宾馆业务经理闻讯找到徐露，说要代销这种产品。因为这家宾馆的消费群多为女性白领，她们对这种花型乳贴非常感兴趣。业务经理开出的条件很优厚，给徐露10%的返点，如果销量加大，可增加到15%，徐露只管供货就行了，并且按月结付。

这又给徐露赚钱打开了思路。接下来，徐露把眼光瞄上了各大商场的内衣柜台，她马不停蹄地去找商场经理谈判。

两个月后，多数商场的内衣柜台都摆上了徐露的乳贴产品。

在不耽误上课的情况下，徐露在短短9个月的时间里就赚了12万元。

很多人会说："我总也发现不了赚钱的热门。"其实，在会赚钱的人眼里，永远没有"热门"和"冷门"之分，三百六十行，并非行行都是"热门"，在眼光毒辣的商人眼中，再"冷"的行业也能淘出"真金"。只要你练就一双善于发现商机的"火眼金睛"，遍地都将是黄金。

有些人做生意总是挑热门和焦点，觉得只有这样才能挖到黄金。这种选择在大多数人看来是正确的。毋庸置疑，热门和焦点能够引起大多数人的关注，本身就说明它具有一定的吸引力和无限商机。但是真正的有能力会赚钱的商人会在冷门里创造财富，挖到别人挖不到的金子，赚到别人无法赚到的钱。

有句俗话叫作"处处留心皆学问"，在商人眼中，"处处留心皆生意"。在我们的身边总会发现，一些人的小生意就是因为生意人随时留意而做得特别成功的。

在旅游季节，游人们游兴正浓却突然遭到大雨袭击，这时总会出现兜售廉价雨衣雨伞者，生意很好，有时还供不应求。这是随时留意身边机会的好处。一场盛大的足球比赛将在某体育馆内进行，有人在2元钱批发来的汗衫上印上足球巨星的名字，比赛那天每一件卖10元，结果还被抢疯了，这也是随时留意身边机会的好处。

机遇对于每个人都是平等的，但能不能抓住就要依靠自己的眼光和行动了。一个成功的商人，必须要培养出自己独特的眼光。这种眼光是不断历练后的结果，也是一个商人引以为傲的资本。

嗅觉灵敏，才能抓住新商机

精明的商人只有嗅觉敏锐才能将商机牢牢抓在手中，那种感觉迟钝、闭门自锁的公司老板常常会无所作为。

2002 年 1 月 1 日，欧元正式启用、流通。各媒体爆炒、特炒之际，许多人不以为然地说：“欧元是欧洲人的事，离我们远着呢，炒那么热乎有什么用?”

然而，早有嗅觉敏锐的商人将欧元启用化为自己的商机，狠赚了一把令同行扼腕慨叹的“欧元钱”。

这是我国浙江一家民营企业。早在两年前，该企业捕捉到一条商业信息——十几个欧洲国家正在流通的货币的尺寸将小于统一后的欧元主币。这条看上去平淡无奇的消息，该企业却如获至宝，立即敏锐地意识到：欧洲市场原有的钱包必将被淘汰。

与此同时，他们还得知欧盟各国的皮件生产企业正在加班加点设计、生产适用于欧元的专用钱包。另外，欧洲的本地产钱包成本很高，生产的产品远远满足不了当地市场的需求。

于是，该企业立即抓紧时间，开发生产了四十多款 230 万只欧元专用钱夹，并在欧元正式启用前，迅速投放欧洲市场。230 万只钱包转眼间就被抢购一空，而且大批的订单随之而来，该企业的生产任务不断增加，已经满满地排到年底。

国际市场细节性的信息变化对于企业来说都是很好的商情。同样条件下，谁先抓住商情谁就能得到先机。可往往很多时候，我们都会由于这样那样的原因而失去先机。失去先机并不可怕，先机过后还会有商机，只有举一反三，细心研究，才有可能不会一再失去这些宝贵的商机。

“欧元钱包”事件过后，许多企业猛醒。他们触类旁通，开发出一大批“趋时商机”。他们针对欧洲各国大力宣传欧元的市场行情，在商品花形设计上引入欧元图标，设计推出了各种款式的印有欧元图标的旅游礼品、礼品盒等，也受到欧洲市场的欢迎。这些生产企业能够抓住这些商机，可见他们对商情研究很充分，亡羊补牢，为时未晚。

许多商机隐藏在市场行情的变化当中，静静地等待我们去利用。精明的商人不会只把目光局限在行情的起伏上，他们会通过研究和考察，挖掘出隐蔽的“角落商机”。“欧元钱包”事件也正是如此。

市场变幻莫测，产品时效性特别强，独树一帜的热销产品需要结合宏观市场变化，因此在无穷无尽的变化当中，有无数的“角落商机”等待着你去开发、去利用。

在2003年春天，一场没有硝烟的战争爆发了，一方是肆虐无忌的非典病毒，另一方则是胆战心惊的大众。一向有着敏锐商业嗅觉的马云，这时洞悉到了一个新的商机。“非典”肆虐，势必减少人们上街购物的次数和时间，这样一来人们只能待在家里，而家里与外界沟通的方式并不多，电话、电视、广播以及网络。那么，在当时的特殊时期，人们极有可能会选择网络订购的方式。

早在2000年，就曾有人向马云建议做C2C，然而马云那时认为，C2C并不符合中国人的购物习惯，中国人更习惯在商店里购物，C2C并不具备好的前景。在当时的中国市场，消费者确实更倾向于在实体店购物，因为大家认为这样购物更加安全、更加放心。然而，“非典”的到来，让马云改变了自己的想法。在“非典”这个特殊时期，做好淘宝网，不能不说是一个未雨绸缪的决定。

淘宝网推出后，其名字被赋予了新的含义：淘金的“淘”，宝贝的“宝”，人们可以在网上开店，将自己喜欢的宝贝放到网上供人“淘”，也可以在网上“淘”别人的宝贝。因而，今天才能够看到淘宝网上有着这样的词汇，“宝贝数量”“您的宝贝”……

2005年初，淘宝的会员人数突破600万，商品量700万，一季度成交额10亿人民币；2005年10月，淘宝注册用户超过1000万，第三季度成交额超过23亿，淘宝1个季度的总成交额已经突破70亿，淘宝占据了市场80%的份额。

直到今天，这些数字还在疯狂地增长，足以证明淘宝网改变了全民的购物方式。“非典”给了人们接触电子商务的机会，而淘宝又在这个机会下让人们认识到了电子商务的好处，全面铺开了改变人们购物方式的路径。

嗅觉敏锐，善于抓住机遇，凭此“鲤鱼跃龙门”，从而获得商业战场上的立足之地，正是这些商业巨子今天得以扬名天下的重要原因。

充分掌握市场需求

对市场的掌握一定要透彻，不可一知半解，似懂非懂，更不可雾里看花，跟风赶浪。

在掌握市场需求时，公司经营者一定要防止被虚假需求所迷惑，造成不应有的损失。由于人为的影响，市场对一些产品的需求暂时出现增长。但当人为影响过去后，需求量就会直线下跌。商家要明白，市场需求是动态的，处于不断变化中，既是机遇更是挑战。要制定相应的经营对策，深入调查研究，进行定量分析，保持清醒头脑，不要随波逐流。

李嘉诚每转入一个新的行业，或是将资金分散投资于另外一些行业之时，都会努力研究这个行业有关的情况，了解这个市场的一切运作。

李嘉诚曾经说过："只有充分掌握市场状况，对这一行业未来至少是一到二年的发展前景有了预测，那么你面对每一件事情，就会简单得多、准确得多。"

所谓充分地了解市场，就是不断揣摩在这个市场内，运用什么策略会更容易占得先机，更容易使自己立于不败之地。如果没有充分的了解，找出在每一个市场重要的成功因素，投资风险便会提高，一旦遇上危机，企业受到的打击，便可能很大。

李嘉诚也说过："我每逢攻击一样东西时，总会先研究得清清楚楚才说。"

所谓攻击一样东西，包括了进入一个新市场，进入一个新行业。进入新市场、新行业，都会因为对其不了解而产生风险。要降低风险，唯一的方法就是揣摩在这个市场内的成功之道。李嘉诚的事业，日渐扩张，每一分钟，每一秒钟，都在扩张，因此他需要经过深思熟虑，将企业管理好，使企业在一个正常的轨道运行。不断思考，不断学习，不断揣摩成功之道，才会得到成功。这也是李嘉诚成功的一个要诀。

日本有一家名为太阳工业的株式会社，是专门生产帐篷等休闲活动用品的公司。该会社的创始人是社长能村龙太郎，他凭着创办太阳工业的经验，构思开发了一种新产品——用塑料制成的家庭泳池，鼓足气后有 4 平方米大小，可容半米深的水，在家庭里可以让小孩浴水游玩。这种以塑胶制成的家庭泳池，构造上可折可叠，极为轻便。能村龙太郎社长把产品定名为太阳泳池。

能村龙太郎发现市场上没有这类产品，便认定会大有发展前途。他觉得日本地狭人多，寸土寸金，有了太阳泳池后，普通大众都可以拥有富人的享受——在自己的家里拥有一个小型泳池。

能村龙太郎投入大量资金生产这种太阳泳池，产品大批量地上市。结果却事与愿违，销路一直打不开，产品积压如山，几乎血本无归，太阳工业毁于一旦。

其实太阳泳池是个很有创意的新产品，为什么逃脱不了失败的结局，原因就在于它不适应市场的需求。太阳泳池不切合当时日本人的生活条件和经济条件，造价和耗水成本过高，排水也极不方便，所以无市场需求。

新产品推出市场是要冒风险的，据美国一项研究指出：新产品的夭折率竟高达80％。因此，作为一个企业，在开发新产品时，要特别谨慎，要“出必裕计，慎以行师”，才能在行销上奠定“桥头堡”的地位并继而获得成功。否则，将陷于那失败的80％之中。

日本协和发酵会社的社长加藤在一次开发新产品的决策中遭到失败，原因就是轻率决策，调查不周，缺乏慎重。他事后回忆说：在一次经营决策中的失误，差一点使自己一辈子翻不了身。好在自己从中吸取了教训，在以后的经营决策中注重调查研究和科学分析，才逐步使自己反败为胜，赢得了今天的业绩。

那是多年前的事了。一天，日本啤酒界广为人知的怪杰朝日啤酒社长山本对加藤说，“用地瓜制造啤酒是个新创举，你有没有兴趣?”而且他介绍的这个构想源自东京农业大学教授住江金元，他已研究了多年。这专利权属于一家叫东洋啤酒公司的企业，东洋啤酒公司曾打算把这个创意实行产业化，但不知什么原因而终告失败了。

山本进一步说，这项专利不见天日，实在可惜。他称自己曾想让朝日啤酒株式会社买入这项专利，然后投入生产，但遭到一些股东的反对，未形成统一决议，所以拖延下来。鉴此，他就向加藤推荐，并许诺如果加藤真的开发该项目，他的公司会尽力支持。

听了山本这位啤酒老行家的介绍，加藤觉得有道理，认为其构想很不错。第一，以地瓜做原料制造啤酒，成本低廉。第二，由于制造成本低，售价也当然低，为此竞争能力就强。

第三，售价低和竞争力强，必然销路好，那么效益也必定不错。

这三个推论，从理论上似乎站得住脚。加藤认为用地瓜制造啤酒，根据日本酒税的规定，因为没有麦芽含量而税收大减。至于味道问题，加藤觉得日本各家啤酒公司的产品，味道大同小异，而德国生产的啤酒，群雄割据，各种牌子啤酒的味道都有独特之处，它们都畅销无阻。难道日本市场不能出现一种以地瓜制造的具有独特味道的啤酒吗？

加藤经过上述的理论分析，再加上迷信老行家的看法，做出了决策，从东洋啤酒公司买下专利权，接着投入生产。为了推出地瓜啤酒，加藤第一件事是为产品命名，反复思考后决定叫作“拉比”。“拉比”是法语，是“生命之泉”的意思，加藤觉得很好，既有意思，又易记。第二件事，全力投入生产，第一年生产了300万瓶，第二年生产近1000万瓶。

经过两年的投资生产后，加藤发现问题严重了。第一，生产成本并不如设想的那么低廉，各方面成本加起来，每瓶成本为75日元，比预计的每瓶50日元高25日元。第二，由于成本不低，所以售价也没有多大竞争力。当时其他名牌啤酒每瓶售价仅125日元，如果地瓜啤酒每瓶售价100日元，那既没有竞争力，也没多少利润可图。第三，品名“拉比”并不如加藤原先所想象的那般好，当它在市场出现后，一些消费者指出“拉比”的语音很像英文的“某种寄生虫”，所以众多人对“拉比”避而远之。第四，尽管做了声势浩大的广告宣传和促销，但销量很小，据餐馆、酒吧、俱乐部反应，从来没有人主动提出要喝“拉比”啤酒。

加藤从筹划到生产经营地瓜啤酒，最后到损失惨重而停止生产经营，共经历3年多时间，最后加藤不得不宣告失败了。这一决策导致加藤损失设备投资5亿日元，促销宣传费损失7.8亿日元，再加上其他一些费用，共损失了13亿多日元，它使加藤20多年的奋斗积累损失殆尽。

加藤后来总结了自己决策失败的原因有三点。一是对获取的信息没有认真分析甄别，没有进行调查研究和去伪存真，这当中亦有迷信权威人士的影响，从而做了错误的决策。二是在决策前没有进行科学测算，对决策目标的真正成本及竞争能力没有进行定量分析，违背了决策的程序。三是对市场的需求没有弄清，违背了上帝的意愿，这是最为要害的。用地瓜制造出来的啤酒，根本不具什么独特味道，顾客说是“酸泡酒”，十分难喝。企业的生存与发展，全取决于顾客的满意，换句话说，企业如果能够提供满足顾客需求的产品或服务，就可以获得经营的成功了；反之，尽管企业的产品的成本怎么低，但如果顾客没有需求，它也始终卖不出去，企业就无法生存下去。

加藤从失败中吸取教训，在其日后的经营决策中注意科学性和程序性，使企业又获得了重生的机会，并逐步发展成为日本最大的啤酒公司之一。

抢出来的赚钱机会

在强手如云的商业社会中，机会都是稍纵即逝的，只有先抓住它的人，才能把握成功。稍有经验的人都知道这样一个常识，在水的流量不变的情况下，流得快的水势能量大，因此在洪峰来临时，常常能见到咆哮的水，裹挟着平时看来不可能挪动的巨石飞速向前。竞争，在很大程度上是速度的较量。

20世纪末的中国，流行的时尚千变万化，让人目不暇接。在其中，跳舞毯、跳舞机挟雷霆万钧之势，由南到北，转眼之间席卷了全国。从年底开始，就不断有来自广州、上海、无锡、南京乃至北京等各地的消息说："跳舞毯卖疯了!"据了解，北京中关村电子市场的柜台上，一个商家热销时一天能卖出200多块跳舞毯。紧跟着，跳舞机也火了起来，许多商场、游戏厅都安上跳舞机大把敛钱。一时间全国上下，均被"跳舞"两个字弄疯了。

乍一听，一块毯子也能卖火，让人难以思量，其实这中间自有奥妙。

跳舞机的发明者是日本的科乐美公司，过去一直排在日本游戏机行业的第4位，无法与任天堂、世嘉、南梦宫等公司相比，但该公司在发明了跳舞机之后，已成为该行业利润第一的游戏机厂商。

日本游戏机公司的通病是贷款比例高，它们为扩大生产规模而大举贷款，为了占领市场即使利润非常低也在所不惜。东南亚经济危机之后，几家大的游戏机公司逐渐支撑不住，纷纷裁员，一片退守势态。这给了科乐美公司一个天赐良机，因为公司规模较小，受到的冲击不大，它利用自己的闲余财力大肆吸纳其他公司裁员下来的软件开发人员，并在市场的一片萧条之中，开发出自己的新游戏产品——跳舞机，一投向市场即受到热烈欢迎。这之后，跳舞机连同其孪生姐妹跳舞毯迅速在韩国及我国上海、北京等地传播开来。

当时最流行的跳舞机是科乐美公司推出的DDR机型，跳舞毯则是从跳舞机分化出来并经过改良之后的产品，由游戏软件及可以插在电脑上的跳舞毯组成，相对于跳舞机，由于价格低廉而颇受欢迎。

科乐美为推出跳舞机，可谓大耗心血。为了组编机上的舞曲，他们特意推出一款音乐点歌机，免费提供给许多娱乐场所，并要求这些娱乐场所也不能收费，让消费者随意点播。当时，很多商家并不明白该公司葫芦里卖的是什么药，可是当1998年科乐美公司正式推出跳舞机时，大家才了解到：当人们点歌时，记录就已经传送回公司总部，经过统计分析，公司知道人们最喜欢什么舞曲，因此跳舞机的成功凝聚了不少智慧与汗水。

在北京西单商场的地下游艺厅里，两台新安装的跳舞机已经排起了长队，不少衣着新潮、前卫的少男少女焦急地等待着在跳舞机上一显身手。正在疯狂跳舞的女孩按照屏幕上箭头所指方向不停地在踏板上移动双脚，屏幕上的电脑模拟小人也随着音乐翩翩起舞，箭头踩得越准，舞技便越高，相比之下，游艺厅里的其他游戏机大都受人冷落。北京的长安商场、双安商场、崇文百货都已安上了跳舞机，双安商场还在厂商的鼓动下颇有兴致地举行了跳舞机表演大赛。

小小一个跳舞机，撬动了一个这么大的市场，值得深思。

这个案例给人的最重要的启示，就是每个人的身边都有无限商机，关键在于你能否把握得住。跳舞毯的风靡，有点类似于早年的呼啦圈、电子宠物之类的小玩意儿，因此，有了好的创意，还得有个好的切入点和时机，否则也是没有用的。

今天的市场竞争法则就是，仅仅满足消费者的需求已经远远不够，要取得市场的主动，你必须取得竞争的主动。市场即战场，先机即战机。你永远也不可能满足消费者，但你可以成为市场上的行业领导者，进而引领消费潮流。

随着市场竞争的加剧，经济活动的节奏越来越快，其结果是每个企业都感到用户对时间方面的要求越来越高。如果一个企业对用户要求的反应稍慢一些，很快就会被竞争对手抢占先机。因为对现在的企业来说，市场机会几乎稍纵即逝，留给企业思考和决策的时间极为有限。所以企业更要抓住市场机遇，以求得更大的发展。香港厂商抢占美国电话机市场的胜利就充分说明了这一点。

在1982年以前，美国是禁止私人购买电话机的。美国的法律规定，所有的电话机用户，都只能向美国电话公司租用电话机，所有私人购买电话机的行为都是违法行为。可是电信业发展到1982年，这样的规定已不能满足人们的需求，更不适应电信业的进一步发展。于是，美国政府取消了电话公司的专利权，允许私人购买电话机。这一法律政策的转变，使得美国一下有了8000万个家庭及公司机构成了有可能购买电话机的主顾。在世界各地的厂商中，香港厂家是最先得知这一政策变化，并首先采取行动的。他们在得知美国电信行业的新政策后，马上就将原来生产收音机、电子表的工厂迅速转向，全部改为生产电话机。再将生产出的电话机迅速运往美国市场。结果其他国家和地区的厂家动作都没有他们快，他们以迅雷不及掩耳之势占领了美国的电话机市场。先行一步的回报是丰厚的，他们摘到了美国电话机市场这个大桃子，口袋鼓鼓。

弗兰西斯·培根有一段名言："机会在把前额的头发给你捉而你不捉以后，就要把秃头给你捉了，或者至少他先把瓶子的把儿给你拿，如果你不拿，它就要把瓶子滚圆的身子给你，而那是很难捉的。在开端时善用机会，再没有比这种智慧更大的了。"

行军打仗讲究的是"制敌先机"，闯荡江湖讲究的是先抢码头，做生意就一定要有比别人更快的动作才行，因为商战不仅是力量的角逐，智慧的角逐，更是速度的角逐。有速度，才有优势。